主编　　中国建设监理协会

# 中国建设监理与咨询

**40**

2021 / 3

总 第 40 期

CHINA CONSTRUCTION
MANAGEMENT and CONSULTING

中国建筑工业出版社

**图书在版编目（CIP）数据**

中国建设监理与咨询 = CHINA CONSTRUCTION
MANAGEMENT and CONSULTING. 40 / 中国建设监理协会主
编. —北京：中国建筑工业出版社, 2021.10
　　ISBN 978-7-112-26623-4

　　Ⅰ.①中…　Ⅱ.①中…　Ⅲ.①建筑工程—监理工作—
研究—中国　Ⅳ.①TU712

中国版本图书馆CIP数据核字（2021）第191335号


责任编辑：费海玲
文字编辑：焦　阳　江箫仪
责任校对：李美娜

中国建设监理与咨询 40
# CHINA CONSTRUCTION MANAGEMENT and CONSULTING

主编　中国建设监理协会
　　*
中国建筑工业出版社出版、发行（北京海淀三里河路9号）
各地新华书店、建筑书店经销
北京雅盈中佳图文设计公司制版
天津图文方嘉印刷有限公司印刷
　　*
开本：880毫米×1230毫米　1/16　印张：7½　字数：300千字
2021年10月第一版　2021年10月第一次印刷
定价：**35.00**元
**ISBN 978-7-112-26623-4**
　　　　（38156）

**编辑部**

地址：北京海淀区西四环北路 158 号
　　　慧科大厦东区 10B

邮编：100142

电话：（010）68346832

传真：（010）68346832

E-mail：zgjsjlxh@163.com

**40**

2021 / 3
总第40期

CHINA CONSTRUCTION
MANAGEMENT and CONSULTING

# 中国建设监理与咨询

## 目录 CONTENTS

### ■ 行业动态

### ■ 政策法规消息

### ■ 本期焦点：监理行业协会开展形式多样、内容丰富的庆祝中国共产党成立100周年系列活动

## ■ 监理论坛

## ■ 项目管理与咨询

## ■ 创新与研究

## ■ 百家争鸣

## 中国建设监理协会领导深入企业开展走访调研活动

**1. 王早生会长在广东走访调研**

2021 年 4 月 27—28 日，中国建设监理协会会长王早生走访了公诚管理咨询有限公司、广州宏达工程顾问集团有限公司。

在公诚管理咨询有限公司，王会长高度评价了其数字化创新转型发展成果和企业的多元化业务经营，并提出 3 点建议：第一，就"企业为何做得这么好，又如何做得更好"进行分析，必要时可聘请第三方机构协助进行剖析，深化管理机制，寻求企业更大的发展；第二，发挥公司自身优势，加快数字化转型，继续完善和优化公司数字化平台，利用数字化服务能力为传统基建客户提供差异化服务，并对标国际先进企业，扩大行业影响力；第三，可视情况成立设计管理部，以技术为支撑，继续加强业务创新，争取占领行业高端领域，以行业发展为己任，勇担国有企业肩负的发展责任，推进建设监理行业高质量发展。

在广州宏达工程顾问集团有限公司，王会长高度赞赏其创建的宏达学院，也给出 3 点建议：第一，多组织专题学术交流会，开展不同层次、不同类型、不同发展方向的横向交流；第二，增加检测业务，做到建筑业全产业链的服务业务全覆盖；第三，继续发挥该公司品牌建设部优势，增强品牌创新意识，打造"技术巨变＋管理创新"的品牌形象，有效提升行业影响力。

**2. 王早生会长在陕西走访调研**

5 月 19 日，王早生会长走访陕西省建设监理协会，对协会四届理事会工作给予了充分肯定，并对五届理事会寄予深切希望，同时提出两点要求：一要搞好会员服务；二要搞好刊物宣传。

在陕西华茂建设监理咨询有限公司，王会长希望华茂监理公司苦练内功，不断提升专业水平、提高监理业务能力，不断增强企业核心竞争力。

在陕西中建西北工程监理有限责任公司，王会长前往西安幸福林带项目，提出要做好全过程工程咨询管理模式的探讨研究，不断总结经验，逐步形成完整的管理体系，强化管理人员的培训，提升业务管理水平，优化人力资源，全面提升监理行业的管理能力，高效开展监理工作。

**3. 王早生会长在重庆走访调研**

6 月 10 日，王早生会长走访重庆联盛建设项目管理有限公司和重庆赛迪工程咨询有限公司。

王会长充分肯定了重庆联盛建设项目管理有限公司的各项工作，对他们编著的《全过程工程咨询实务要览》一书表示赞许。希望联盛在保持发扬严谨、细致、扎实的工作作风的同时，不断深化改革，加强与行业的交流与分享，共享共助，携手共赢。

王会长对重庆赛迪工程咨询有限公司近年来取得的成果给予肯定。他表示，就企业自身发展而言，赛迪作为国企有担当，主动思考，勇于探索。在做五年规划时贴合企业实际需求，在面对压力的时候坚持理想与信念，不断调整，改革机制以适配企业快速发展，围绕"做优、做大、做强"不断奋斗。赛迪贴合自身情况编制企业发展五年规划的行为在行业值得推广。

**4. 王学军副会长兼秘书长在河南走访调研**

6 月 9 日，中国建设监理协会副会长兼秘书长王学军一行到郑州中兴工程监理有限公司走访调研，参观了其数字智能化展厅。王学军副会长对由他们编写的《全过程工程咨询操作指南》和《管理平台应用系统》表示认同。希望其加大科技创新，利用现有智能设备优势，加大对智能监理设备的研发，不断提升信息化管理能力和智能监理水平。

6 月 10 日，王学军副会长一行走访鹤壁市河南亿豪工程项目管理有限公司，王会长充分肯定了亿豪取得的成绩，希望其坚定信心，做好监理工作，严把安全质量关；要通过增加资金投入提高信息化管理水平，提高监理科技含量，提升监理社会地位。

# 中国建设监理协会系列课题研究开展进行中

**1. "房屋建筑工程监理工作标准"课题成果转团体标准研究第一次工作会议召开**

2021年5月25日,中国建设监理协会"房屋建筑工程监理工作标准"课题成果转团体标准研究第一次工作会议在南京顺利召开,中国建设监理协会会长王早生出席会议并讲话。江苏省住房和城乡建设厅建筑市场监管处处长汪志强、副处长顾颖、一级调研员朱志明,中国建设监理协会行业发展部副主任孙璐,江苏省建设监理与招投标协会秘书长曹达双及课题组成员近20人参加了会议。会议由江苏省建设监理与招投标协会会长陈贵主持。

课题负责人陈贵介绍了课题工作背景、工作进展以及课题组成员的情况。课题组汇报了课题转团体标准的背景、目的及意义、主要研究内容、进度计划以及具体需要调整的条款内容。与会专家就课题转团体标准的内容、形式、注意事项等进行了充分的研讨,达成了初步共识。

王早生会长充分肯定了课题组的工作成果,强调了该课题成果转换为团体标准工作的重要性,同时要求课题研究要广泛征求意见,站位要高,既要考虑监理企业自身的发展需要,也要从政府、社会、业主的角度出发,结合实际,用发展的眼光解决行业的弊端。树正气、压歪风,才能守正道。

**2. "监理人员职业标准"开题会暨第一次工作会议召开**

6月10日,"监理人员职业标准"课题开题会暨第一次工作会议在郑州顺利召开。中国建设监理协会副会长兼秘书长王学军、中国建设监理协会专家委员会常务副主任修璐、贵州省建设监理协会会长杨国华、安徽省建设监理协会会长苗一平、广西省建设监理协会会长陈群毓出席会议。河南省建设监理协会会长孙惠民出席并致辞。

王学军副会长强调,课题组要高度重视行业标准编制及课题研究工作,坚持高标准、高质量原则,群策群力、集思广益,广泛听取意见,吸收借鉴国内外经验做法,确保课题研究的高质量。要充分考虑标准的适用性,实事求是,体现公平、合理、客观公正的要求,制定出符合行业实际的标准。

课题组详细汇报了课题的实施计划及研究大纲初稿。会议明确了课题研究工作大纲、进度计划和任务分工,课题组专家对课题研究中的有关问题进行了充分的探讨和交流。

**3. 《化工工程监理规程》预验收会在北京召开**

为进一步推进化工监理工作规范化、标准化,中国建设监理协会化工监理分会组织编制了《化工工程监理规程》(以下简称《规程》)。《规程》于2020年10月至2021年3月在全国化工监理行业进行了试行执行,反馈效果良好,对化工监理工作规范化、标准化起到了较好的指导作用。6月7日,《规程》预验收会在北京召开。中国建设监理协会副会长兼秘书长王学军、中国建设监理协会专家委员会常务副主任修璐、北京市建设监理协会会长李伟及编制组代表和预验收组专家出席会议。会议由中国建设监理协会化工分会副会长兼秘书长王红主持。

课题组代表对《规程》编制情况进行汇报,预验收组对《规程》的章节内容进行了审查,并对标准送审稿提出了建设性修改完善意见。

王学军副会长指出,《规程》经过编制组的努力和试行,通过了预验收,专家们提出了很好的修改意见,希望编制组按照专家意见尽快修改,争取早日通过验收。《规程》要突出化工监理特点,体现权责一致,着眼未来,真正起到规范化工监理工作的作用。

## 中国建设监理协会西南片区个人会员业务辅导活动在重庆举办

2021 年 6 月 10 日，中国建设监理协会在重庆市举办了西南片区个人会员业务辅导活动。中国建设监理协会会长王早生出席活动并做专题讲座。来自云南、贵州、四川、重庆等地的约 250 余名会员代表参加了本次活动。活动由中国建设监理协会副会长、重庆市建设监理协会会长雷开贵，中国建设监理协会副会长、四川省建设工程质量安全与监理协会秘书长付静主持。

王早生会长做"深化改革，促进监理创新发展"专题讲座，分析了行业现状与形势，阐述了生产关系与生产力的相互作用，强调了企业是市场的主体、社会的组成部分，企业应深化改革、组织重构、体现价值，努力争当全过程工程咨询主力军，通过"补短板、扩规模、强基础、树正气"，准确把握发展大势，正确分析自身，面向市场找准方向，不断做强做优做大，实现监理行业高质量发展。

清华大学中国发展规划研究院高级研究员周庆育博士、四川省建设工程质量安全与监理协会会长谭新亚、上海同济工程咨询有限公司董事长兼总经理杨卫东、兆丰工程咨询有限公司董事长陈刚等四位专家分别围绕宏观经济政策对建筑业的影响、建筑领域的高速发展对咨询行业的影响及机遇、全过程咨询服务与监理之间的关系、《装配式建筑工程监理规程》团体标准等内容开展了系列专题讲座和宣贯。来自西南片区的李毅、张卫红、赵应虎、吕林、鲜涛、肖鑫、胡明健等七位嘉宾分别从复杂工程中的 BIM 技术应用、桥梁工程监理体会、争创"鲁班奖"之监理工作措施、装配式房屋建筑工程的监理、面对监理行业"价低质高"困局争当全过程工程咨询先行者、全面推进全过程数字化转型、监理咨询企业标准化建设实践等方面进行了经验分享。

本次活动内容丰富，针对性强，专家们通过讲座宣贯和交流，分享了新锐的观点和成熟的经验，既高屋建瓴，又深入浅出，引导会员打开思维，提升认识和实践能力。活动达到了预期效果，取得了圆满成功。

## 中国建设监理协会召开《监理从业人员学习丛书》编写工作座谈会

2021 年 5 月 27 日，中国建设监理协会在济南召开了《监理从业人员学习丛书》编写工作座谈会。中国建设监理协会副会长兼秘书长王学军、副秘书长温健出席会议。重庆市建设监理协会会长雷开贵、贵州省建设监理协会会长杨国华、山东省建设监理与咨询协会副理事长兼秘书长陈文等专家参加会议。会议由温健副秘书长主持。

王学军副会长对编制监理人员系列丛书的意义做了说明：第一，编写监理从业人员实务类丛书是协会工作任务之一，是经会员代表大会审议通过的 2021 年重点工作；第二，本套丛书分别从全过程工程咨询、项目管理、安全生产管理的监理工作、装配式建筑工程监理和安全生产警示录等五个方面组织编写；第三，本套丛书要在各省原有培训教材的基础上修改并逐步完善，并对编写组在内容、模式及时间安排上提出要求。

与会专家详细介绍了本省监理人员培训教材的内容及使用情况，并就编写本套丛书的架构、定位、内容、工作计划等方面进行了讨论。

王学军副会长做总结讲话，提出本套丛书要知识点全面，案例鲜明，操作流程规范，内容应侧重现场具体工作，突出重点，理论与实践相结合，便于监理人员理解和应用，同时力争早日完成，尽早发放到监理人员手中。

## 广东省建设监理协会举办"数据融通，赋能发展"2021工程监理行业信息化论坛

2021年4月28日，由广东省住房和城乡建设厅、中国建设监理协会指导，广东省建设监理协会主办的"数据融通，赋能发展"2021年工程监理行业信息化论坛在广州成功举办。广东省住房和城乡建设厅建筑市场监管处副处长何志坚、中国建设监理协会会长王早生出席会议并致辞。来自建筑业全链条相关行业及信息化领域相关行业等专家、企业代表共240余人齐聚一堂，就监理行业产业升级与数字化建设、智慧服务与信息技术成果转化、全面创新发展与管理信息化等话题展开深入交流，共谋信息化与监理行业深度融合的发展之路，碰撞智慧火花。

此次论坛旨在贯彻落实新发展理念，加快推进信息化与行业发展的深度融合，充分发挥信息化的先导力量，持续推动质量变革、效率变革、动力变革，解决行业发展痛点，推动行业的高质量发展。

来自大专院校、研发机构、同行企业的8位专家学者分别就对行业信息化发展展望、企业信息技术的开发应用，以及项目监理的智慧化管理等内容，结合监理行业发展现状，从行业、企业、项目三个维度做信息化发展过程的经验心得交流分享。

中国建设监理协会会长王早生从"为什么要加强监理信息化建设"和"如何提升企业信息化管理能力"两方面论述了推进信息化与监理行业发展深度融合的重要性。

广东省建设监理协会会长孙成希望通过本次论坛的交流，企业能加深对信息化发展的认识，重视信息化建设的顶层设计和以人为本的发展理念，打破信息孤岛，实现数据融通，并扎扎实实把企业信息化工作落到实处。

（广东省建设监理协会　供稿）

## 山西监理协会召开五届四次会员代表大会暨五届四次理事会

2021年4月30日，山西省建设监理协会在太原召开五届四次会员代表大会暨五届四次理事会。会长苏锁成、副会长陈敏（兼秘书长）等10位副会长到会。监事长李银良，监事韩君、马昕宇出席。会员代表、申请入会单位代表230余人参会。副会长兼秘书长陈敏主持会议。

会议审议通过接纳新入会会员单位、理事调整，常务理事调整变更，增补协会五届理事会副会长等报告，并向新增补副会长和申请入会的会员单位分别颁发了证书和会员证书。

大会宣读了关于对2020—2021年度第一批中国建设工程鲁班奖、国家优质工程奖项目山西参建监理企业和总监的通报，以及关于开展庆祝建党100周年系列活动倡议书，传达学习了中国建设监理协会2021年工作会议精神。

山西协诚等六家监理企业结合本公司实际就政府购买服务开展巡查服务的工作经验做了书面交流。

监事长李银良代表监事会对会议各项议程的内容、流程的合法合规性发表监事会意见。

苏锁成会长做总结讲话，对获得国家优质工程奖的企业和总监及新加入协会的会员单位表示热烈祝贺，对各位副会长及各位理事在2020年为行业发展做出的辛勤付出表示衷心感谢，并对行业及协会2021年工作做了安排。

（山西省建设监理协会　供稿）

## 河南省建设监理协会召开四届二次会员代表大会暨行业创新发展交流会

2021 年 6 月 9 日，河南省建设监理协会四届二次会员代表大会暨行业创新发展交流会在郑州召开。中国建设监理协会副会长兼秘书长王学军、专家委员会常务副主任修璐，河南省住房和城乡建设厅建筑市场监管处副处长吴晓磊、四级主任科员卢群辉等应邀出席会议。河南省建设监理协会党支部书记、会长孙惠民做工作报告并致辞，监事长张勤做财务报告，常务副会长兼秘书长耿春主持会员代表大会。协会顾问、副会长、副秘书长，特邀专家，会员代表等共 300 余人参加会议。

大会审议通过了协会 2020 年度财务报告，以及"建设监理从业人员服务办法"。

创新发展经验交流会以"监理的使命：在新格局中创新发展"为主题，邀请省内外 10 位知名专家围绕监理企业创新发展进行了分享和交流。王学军副会长以"监理行业发展探讨"为题，深刻分析了监理行业当前的发展形势，并就未来工程监理企业的转型升级创新发展方向提出了建议。

（河南省建设监理协会　供稿）

## 中南地区部分省区建设监理协会工作交流会顺利召开

2021 年 5 月 27 日，中南地区部分省区建设监理协会工作交流会在广西北海市顺利召开，除中南地区 8 省区监理协会及企业代表外，还特邀上海、山西、四川和甘肃代表共 12 个省、市、自治区监理协会及企业代表近 180 人参加本次会议。广西省住房和城乡建设厅二级巡视员莫兰新到会并致辞。

中国建设监理协会王早生会长以"深化改革，促进监理创新发展"为主题做了指导性讲话，结合监理行业发展的总体思路，深入研究行业的发展问题，树立信心、扬长补短，做好信息化产业提升，发挥监理在产业链中的主导作用，并提出监理行业要通过"补短板、扩规模、强基础、树正气"推动监理企业转型升级，不断推进监理行业高质量发展。

7 家监理企业和两家协会代表从不同角度分享了他们的实践经验和做法。

广西建设监理协会会长陈群毓做会议总结。此次工作交流会达到了促进中南地区部分省区建设监理协会共同发展，加强协会工作沟通与经验交流的目的。

（广西建设监理协会　供稿）

## 贵州省建设监理协会召开四届会员代表大会暨四届七次理事会

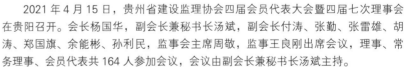

2021 年 4 月 15 日，贵州省建设监理协会四届会员代表大会暨四届七次理事会在贵阳召开。会长杨国华，副会长兼秘书长汤斌，副会长付涛、张勤、张雷雄、胡涛、郑国旗、余能彬、孙利民，监事会主席周敬，监事王良刚出席会议，理事、常务理事、会员代表共 164 人参加会议，会议由副会长兼秘书长汤斌主持。

杨国华会长做 2020 年协会工作总结，副会长兼秘书长汤斌做 2020 年协会财务收支情况报告，监事会主席周敬做 2020 年协会监事会工作报告。

审议通过"贵州省建设监理协会 2020 年工作总结""贵州省建设监理协会 2021 年工作计划"及监事会工作报告。

审议"关于增补贵州省建设监理协会四届理事会理事的建议"，并选举出 29 名新晋理事；表决通过 19 家新入会企业，清退 18 家企业。

审议"贵州省建设监理协会会员信用管理办法（审议稿）""贵州省建设监理协会会员信用评估标准（审议稿）"。

副会长兼秘书长汤斌通报了近期协会工作情况，杨国华会长做会议总结。

（贵州省建设监理协会　供稿）

## 陕西省建设监理协会召开第五次会员代表大会暨第五届理事会一次会议

2021年5月21日，陕西省建设监理协会在西安召开第五次会员代表大会暨第五届理事会一次会议，中国建设监理协会会长王早生出席会议并讲话。省建设类各兄弟协会代表和300余名会员代表参会。会议由秘书长李青海主持。

大会审议通过了第四届理事会工作报告、第四届理事会财务工作报告、章程修改报告、会员会费缴纳使用管理办法、会员代表大会制度、民主选举制度。

高小平当选第五届理事会会长，曹军等18位同志当选副会长，李青海当选秘书长，宋阿丽同志当选监事长。

第五届理事会一次会议审议并通过了理事会工作制度、常务理事会工作制度、监事会工作制度（暂行）、会长办公会制度、财务管理制度、印章文件管理制度、重大活动备案制度、信息披露制度等有关制度，表决通过了49位五届理事会常务理事人选。

中国建设监理协会会长王早生对第四届理事会的工作给予了高度认可和评价，并对第五届领导机构给予厚望和期待，希望陕西省建设监理协会继续做好发展会员和服务会员方面的工作，以及课题研究、培训宣贯及信息化等方面的工作。

（陕西省建设监理协会　供稿）

## 厦门市建设监理协会赴滇考察交流

2021年5月9日，厦门市建设监理协会缪存旭会长一行21人赴云南考察交流。云南省建设监理协会副会长郑煜、李彦平、陈建新，秘书长姚苏容和部分常务理事、专家参加座谈。姚苏容秘书长主持会议。

与会的两地监理同仁围绕监理行业自律、监理招标投标管理办法、监理信用评价、监理行业企业转型发展和全过程工程咨询的实施情况等进行了深入交流与探讨。

厦门市建设监理协会缪存旭会长表示，通过交流，进一步了解了云南协会在沟通政府、服务会员、回报社会等方面做出的努力，成效显著；其在引导会员开展行业自律和协助政府主管部门开展监理招标投标管理方面的经验值得借鉴和学习。

通过座谈交流，两地监理同仁纷纷表示收获颇丰，并约定今后将进一步加强联系与沟通，共同为建设监理行业的健康发展贡献力量。

（云南省建设监理协会　供稿）

## 宁波市建设监理与招投标协会举办BIM技术培训班

近期，宁波市建设监理与招投标咨询行业协会举办了BIM技术培训班，共有100多名相关从业人员分两期参加了本次培训。

培训依托浙江工商职业技术学院的教学力量，由多年来主要从事BIM课程教学和科研工作、曾获得全国高职院校教学能力比赛二等奖、浙江省高校微课比赛一等奖的柴美娟副教授授课。培训从BIM基本概念出发，系统讲授了建筑、结构建模和暖通、给水排水、电气等专业建模、模型成果输出、管线综测和算量等实操知识。参训学员经过5天的学习，掌握了BIM建模和应用的基本技能。大多数学员通过结业考试，获得了宁波市建设监理与招投标协会颁发的结业证书。

（宁波市建设监理与招投标协会　供稿）

# 国务院关于深化"证照分离"改革　进一步激发市场主体发展活力的通知

国发〔2021〕7号

各省、自治区、直辖市人民政府，国务院各部委、各直属机构：

开展"证照分离"改革，是落实党中央、国务院重大决策部署，深化"放管服"改革、优化营商环境的重要举措，对于正确处理政府和市场关系、加快完善社会主义市场经济体制具有重大意义。为深化"证照分离"改革，进一步激发市场主体发展活力，国务院决定在全国范围内推行"证照分离"改革全覆盖，并在自由贸易试验区加大改革试点力度。现就有关事项通知如下：

## 一、总体要求

（一）指导思想。以习近平新时代中国特色社会主义思想为指导，全面贯彻党的十九大和十九届二中、三中、四中、五中全会精神，持续深化"放管服"改革，统筹推进行政审批制度改革和商事制度改革，在更大范围和更多行业推动照后减证和简化审批，创新和加强事中事后监管，进一步优化营商环境、激发市场主体发展活力，加快构建以国内大循环为主体、国内国际双循环相互促进的新发展格局。

（二）改革目标。自2021年7月1日起，在全国范围内实施涉企经营许可事项全覆盖清单管理，按照直接取消审批、审批改为备案、实行告知承诺、优化审批服务等四种方式分类推进审批制度改革，同时在自由贸易试验区进一步加大改革试点力度，力争2022年底前建立简约高效、公正透明、宽进严管的行业准营规则，大幅提高市场主体办事的便利度和可预期性。

## 二、大力推动照后减证和简化审批

法律、行政法规、国务院决定设定（以下统称中央层面设定）的涉企经营许可事项，在全国范围内按照《中央层面设定的涉企经营许可事项改革清单（2021年全国版）》分类实施改革；在自由贸易试验区增加实施《中央层面设定的涉企经营许可事项改革清单（2021年自由贸易试验区版）》规定的改革试点举措，自由贸易试验区所在县、不设区的市、市辖区的其他区域参照执行。省级人民政府可以在权限范围内决定采取更大力度的改革举措。地方性法规、地方政府规章设定（以下统称地方层面设定）的涉企经营许可事项，由省级人民政府统筹确定改革方式。

（一）直接取消审批。为在外资外贸、工程建设、交通物流、中介服务等领域破解"准入不准营"问题，在全国范围内取消68项涉企经营许可事项，在自由贸易试验区试点取消14项涉企经营许可事项。取消审批后，企业（含个体工商户、农民专业合作社，下同）取得营业执照即可开展经营，行政机关、企事业单位、行业组织等不得要求企业提供相关行政许可证件。

（二）审批改为备案。为在贸易流通、教育培训、医疗、食品、金融等领域放开市场准入，在全国范围内将15项涉企经营许可事项改为备案管理，在自由贸易试验区试点将15项涉企经营许可事项改为备案管理。审批改为备案后，原则上实行事后备案，企业取得营业执照即可开展经营；确需事前备案的，企业完成备案手续即可开展经营。企业按规定提交备案材料的，有关主管部门应当当场办理备案手续，不得作出不予备案的决定。

（下文略）

（来源 中国政府网）

# 2021年5月20日—7月15日公布的工程建设标准

| 序号 | 标准编号 | 标准名称 | 发布日期 | 实施日期 |
|---|---|---|---|---|
| | | 国标 | | |
| 1 | GB/T 51408—2021 | 建筑隔震设计标准 | 2021/4/27 | 2021/9/1 |
| 2 | GB/T 51422—2021 | 建筑金属板围护系统检测鉴定及加固技术标准 | 2021/4/9 | 2021/10/1 |
| 3 | GB/T 51403—2021 | 生活垃圾卫生填埋场防渗系统工程技术标准 | 2021/4/9 | 2021/10/1 |
| 4 | GB/T 51402—2021 | 城市客运交通枢纽设计标准 | 2021/4/9 | 2021/10/1 |
| 5 | GB 50151—2021 | 泡沫灭火系统技术标准 | 2021/4/9 | 2021/10/1 |
| 6 | GB/T 51439—2021 | 城市步行和自行车交通系统规划标准 | 2021/4/9 | 2021/10/1 |
| 7 | GB 51427—2021 | 自动跟踪定位射流灭火系统技术标准 | 2021/4/9 | 2021/10/1 |
| 8 | GB 51428—2021 | 煤化工工程设计防火标准 | 2021/4/9 | 2021/10/1 |
| 9 | GB 50014—2021 | 室外排水设计标准 | 2021/4/9 | 2021/10/1 |
| 10 | GB/T 50526—2021 | 公共广播系统工程技术标准 | 2021/4/9 | 2021/10/1 |
| 11 | GB/T 51435—2021 | 农村生活垃圾收运和处理技术标准 | 2021/4/9 | 2021/10/1 |
| 12 | GB 55002—2021 | 建筑与市政工程抗震通用规范 | 2021/4/9 | 2022/1/1 |
| 13 | GB 55003—2021 | 建筑与市政地基基础通用规范 | 2021/4/9 | 2022/1/1 |
| 14 | GB 55004—2021 | 组合结构通用规范 | 2021/4/9 | 2022/1/1 |
| 15 | GB 55013—2021 | 市容环卫工程项目规范 | 2021/4/9 | 2022/1/1 |
| 16 | GB 55007—2021 | 砌体结构通用规范 | 2021/4/9 | 2022/1/1 |
| 17 | GB 55009—2021 | 燃气工程项目规范 | 2021/4/9 | 2022/1/1 |
| 18 | GB 55010—2021 | 供热工程项目规范 | 2021/4/9 | 2022/1/1 |
| 19 | GB 55011—2021 | 城市道路交通工程项目规范 | 2021/4/9 | 2022/1/1 |
| 20 | GB 55006—2021 | 钢结构通用规范 | 2021/4/9 | 2022/1/1 |
| 21 | GB 55001—2021 | 工程结构通用规范 | 2021/4/9 | 2022/1/1 |
| 22 | GB 55014—2021 | 园林绿化工程项目规范 | 2021/4/9 | 2022/1/1 |
| 23 | GB 55012—2021 | 生活垃圾处理处置工程项目规范 | 2021/4/9 | 2022/1/1 |
| 24 | GB 55005—2021 | 木结构通用规范 | 2021/4/12 | 2022/1/1 |

# 监理行业协会开展形式多样、内容丰富的
# 庆祝中国共产党成立100周年系列活动

2021年5月11日，中国建设监理协会党支部组织全体党员和职工参观香山革命纪念馆和中国人民解放军军事科学院叶剑英纪念馆，深刻领会到中国共产党自成立之日起，就把为中国人民谋幸福、为中华民族谋复兴作为自己的初心和使命，致力于实现民族独立、人民解放，为建设新中国而奋斗的艰辛。

5月7日至8日，河南省建设监理协会组织开展了党史学习教育红色走学活动，赴南阳市彭雪枫纪念馆、南水北调展览馆等参观学习，从党史学习中汲取奋进力量，学史明理、学史增信、学史崇德、学史力行，在监理行业转型发展的新时期，以昂扬的斗志奋力谱写行业高质量发展的新篇章。

5月12日，天津市建设监理协会召开庆祝建党100周年"学习百年党史、践行初心使命"党史学习教育、团标宣贯双百知识竞赛工作会暨党建联络员工作会，认识党史学习教育的重要意义，了解党的历史，同时推进团体标准专业知识的普及。

5月22日，河南省建设监理协会在郑州举办以"永远跟党走"为主题的河南省建设监理行业第四届田径运动会，充分展示了监理行业团结向上、敢于拼搏的行业风尚。

5月20日至21日，云南省、贵州省、四川省、重庆市建设监理协会党支部在贵州省遵义市联合举办"铭记党的历史，筑牢党的信念，监理人初心永不变"的主题党日活动及党史学习专题研讨交流会，更加深刻地认识了中国共产党的性质宗旨和最高理想、最终目标，理解了遵义会议的召开背景和重要成果对我们党发展的历史意义。

6月17日，天津市建设监理协会党支部组织会员单位党建联络员赴狼牙山红色教育基地开展了"听党话·感党恩·跟党走——庆祝中国共产党成立100周年"主题党日活动，缅怀革命先烈，接受党的洗礼。

6月18日，河北省建筑市场发展研究会组织全体党员及职工，部分理事单位在华北军区烈士陵园开展"缅怀革命英烈，传承红色基因"党史学习教育活动，重温党的奋斗历史，激发全体党员的爱党爱国热情。

湖北省建设监理协会秘书处组织党员群众利用工作之余，通过红歌演唱来表达对党和祖国的热爱，从红歌中汲取精神力量，受到感化和教育，坚定党员干部永远跟党走和为共产主义事业奋斗的理想信念。

6月24日下午，山东省建设监理与咨询协会组织开展"重温百年恢宏史诗，汲取前行蓬勃力量——党史学习教育专题党课"，深刻体会到铭记"不忘初心，牢记使命"的重大意义，坚信中国特色社会主义文化代表着中华民族独特的精神标识，积淀着中华民族最深层的精神追求，是凝聚和团结各民族人民奋勇向前的精神力量。

6月25日，河南省建设监理协会党支部联合洛阳市建设工程监理协会党支部组织开展了"庆七一"党员集体政治生日暨党史学习教育活动，引导党员干部和职工深刻感悟红色初心，汲取奋进力量。

# 关于印发协会领导在"巾帼不让须眉　创新发展争先"女企业家座谈会上讲话的通知

中建监协〔2021〕32号

各省、自治区、直辖市建设监理协会，有关行业建设监理专业委员会；中国建设监理协会各分会：

为全面贯彻党的十九大和十九届二中、三中、四中、五中全会精神，促进企业间的交流与合作，充分发挥监理行业中女企业家及女领导的积极作用，2021年4月22日，中国建设监理协会在南昌召开"巾帼不让须眉 创新发展争先"女企业家座谈会。现将王早生会长和王学军副会长兼秘书长在本次会议上的讲话印发给你们，供参考。

附件：1.王早生会长在"巾帼不让须眉　创新发展争先"女企业家座谈会上的讲话

2.王学军副会长兼秘书长在"巾帼不让须眉　创新发展争先"女企业家座谈会上的总结发言

中国建设监理协会

2021年4月30日

附件1：

## 以高质量为目标　推动监理行业转型升级创新发展

王早生会长在"巾帼不让须眉 创新发展争先"女企业家座谈会上的讲话

2021 年 4 月 22 日

各位女企业家代表：

大家好！今天我们在南昌召开"巾帼不让须眉 创新发展争先"女企业家座谈会，既是响应会员单位诉求，同时也是为了更好地发挥女企业家在监理行业创新发展中的积极作用，把握行业发展形势，展示巾帼担当，积极参与企业转型升级，助力行业高质量发展。

毛主席早在 1955 年就提出"妇女能顶半边天"。随着社会信息化程度的加深，以及社会生产方式的深刻变革，女性善于沟通、富有亲和力等方面的性格特质，使其在新的社会分工中能扮演更

多的角色，彰显更大的价值。放眼世界，女性政治家、艺术家、社会活动家已经越来越出众出彩；揆诸中国，女性已经广泛活跃于政治、经济、文化等社会生活的各个领域，激荡起"她时代"的崭新社会图景。今天在座的各位女企业家都在市场中拼搏多年，以"巾帼不让须眉"之志，带领企业在勇于创新创优中不断发展壮大，创造了人生和事业的辉煌，在经济建设主战场上发挥了"半边天"的作用。

今年是中国共产党成立 100 周年，是"十四五"规划开局之年，又是全面

建设社会主义现代化国家新征程起步之年，新起点呈现新气象，新征程须有新作为。进入新发展阶段、贯彻新发展理念、构建新发展格局，要瞄准关键点，聚焦"十四五"，抢抓创新发展机遇，推动监理行业高质量发展。我们要充分把握国家、社会、人民对工程监理行业的需求，抓住国家供给侧结构性改革、建筑业改革、工程建设组织模式变革和服务方式变化等契机，面对百年未有之大变局，努力开创新时代工程监理行业新局面。

截至 2019 年，工程监理企业有

8469 家，企业从业人员 130 万人，承揽合同额 8500 亿元，全年营业收入 5994 亿元。目前，甲级企业和乙级企业占 86.5%。监理企业如何进一步整合，做大做强，不容回避。发达国家市场经济经过了上百年的发展、竞争，经历了市场的大浪淘沙，每个行业都有龙头企业。相比之下，我们的监理企业数量很多，但单个企业的规模过小，现在全国 1000 人以上的监理企业仅有 54 家。企业规模太小，对企业的经营甚至行业的发展产生直接影响。因此，监理企业要扩大规模，尽最大努力把规模做大再做大，通过量的变化，得到质的提升。

2019 年监理企业承揽合同额 8500 亿元，其中监理合同额占 1987 亿元，占总业务量的 23.38%，我认为这是监理行业未雨绸缪、转型升级的表现，走的是一条多元化的道路，现在国家提倡、政府鼓励、市场需要的也是多元化的服务。所以，就监理行业而言，业务总量不断扩大，监理合同额占比下降，其他业务合同额增加，这是个好趋势。

党的十九届五中全会提出，"十四五"时期经济社会发展要以推动高质量发展为主题。高质量发展不仅是对监理，也不仅仅是对建筑业，而是对全国各行各业以及整个经济社会全面的要求。监理企业必须走高质量发展之路，高质量发展是引领我们创新发展的旗帜。

监理是因业主的需求而存在和发展的行业，因此监理高质量发展的目标是为业主提供高水平的咨询服务。工程监理服务水平的高低决定了工程监理行业的未来，监理工作质量是赢得市场和未来的关键，监理效果是行业繁荣发展的根本所在。监理企业要牢固树立客户利益至上、质量为先、至诚至信的理念。

我们现在面临的业主不信任、授权不充分的问题，很大程度上就是因为忽略了业主利益，不能保证高质量的服务。所以我们不要片面地抱怨业主对我们不信任，还是要多从自身找原因。"诚者，天之道也；思诚者，人之道也。"人无信不立，对于一个企业来说更是如此。

要实现监理行业的高质量发展，企业必须做强做优做大。在"十四五"开局之年，要准确把握发展大势，正确分析自身在行业中所处的地位，面向市场，找准方向，着力做出企业特色，提高服务的专业化水平和多元化能力，增强企业核心竞争力。大家可以通过市场配置资源为主的多种方式，扩大企业规模，优化企业管理结构，规范企业经营行为，打造一批有影响力、有竞争力的龙头企业、领军企业，进一步促进企业可持续发展。

企业如何做优做大做强，行业如何改革发展，我提炼了四个关键词："补短板、扩规模、强基础、树正气"。"补短板"，就是要推进转型升级，以发展全过程工程咨询为目标，补上自己的短板。全过程工程咨询是国际通行的工程建设管理模式，是监理企业转型升级科学发展的方向。有条件的监理单位应在做好施工阶段监理的基础上，向上下游拓展服务领域，为业主提供覆盖工程项目建设全过程的项目管理服务，以及包括前期咨询、招标代理、造价咨询、现场监督等多元化的"菜单式"工程咨询服务。"补短板"的重中之重是补上游的短板，补技术的缺陷。"扩规模"，就是鼓励有条件的监理企业通过兼并重组等方式扩规模。整合是有能力，被整合是有价值；合并"同类"，融合"异类"。"强基础"，就是要培养人才，打造学习型

组织和企业，加强科技创新和标准化建设，重点是发展智慧监理，推行"互联网 +"，提高 BIM 等信息化技术应用水平。"树正气"，就是要加快推进行业诚信体系建设，杜绝吃拿卡要，发挥类似工地上的"纪检"、项目上的"审计"那种作用，以优质服务赢得社会信任。

"补短板、扩规模、强基础"三个词强调的是业务，"树正气"强调的是作风。监理的职责包含"监督""管理"，"监督""管理"就要树正气。俗话说"打铁还需自身硬"，监理就得要正气突出。协会从会员诚信建设着手，诚信体系基本健全，行规、公约覆盖全体会员，信用评估和信用管理办法正在试行，效果初步显现。单位会员信用自评估工作已在地方协会指导和管理下顺利完成。诚信不是一朝一夕形成的，不可能一蹴而就，一定要持之以恒，从现在做起，从我做起，从小事做起，从而化风成俗，让诚信在行业内蔚然成风，以实际行动树立起诚信经营、公平竞争的良好形象。监理这个行业，业务很重要，正气更加重要。监理行业要围绕这四个关键词做工作，一方面努力提升能力、强化基础，一方面要树正气，改善监理形象。

当然，在做大做强的同时，监理企业也应该深耕于做专做精，二者并不矛盾，而是相辅相成、相互促进的关系。一个企业要想持续发展，必须能够持续地为客户创造价值。对于监理行业来说，业主的认可是监理企业能够快速发展的核心，要根据市场和业主需求提供专业化、特色化服务。我们的发展目标就是既要做强做优做大，又要做精做细做专。

女企业家多年来在激烈的市场竞争中，凭着敢想敢干、攻坚克难的精神，带领企业不断发展壮大。女性领导

者在很多方面是具备优势的，比如耐心、坚韧、表达能力、沟通能力、人际敏感度等，这些都是长处，也是企业家所必备的素质。希望各位女企业家继续发扬光大。

新形势、新任务、新挑战，对大家提出了新的更高的要求，希望广大女企业家发挥善于合作的长处，秉承脚踏实地的风格，把女性的优势转化为竞争优势，创新发展，成就自我，奉献社会，充分展示新时期女性的人格魅力和时代风采，继续发扬敢为天下先的精神，更好地发挥"半边天"的作用。

我们要不忘初心、牢记使命，抓住机遇，改革创新，砥砺奋进，不辜负国家、社会的期望，走诚信经营、诚信执业之路，对国家负责，对社会负责，对人民负责，为确保"十四五"开好局、起好步，为推动建筑业高质量发展、献礼建党 100 周年做出自己的贡献。

谢谢大家。

附件 2：

# 王学军副会长兼秘书长在"巾帼不让须眉 创新发展争先"女企业家座谈会上的总结发言

2021 年 4 月 22 日

各位女企业家：

大家下午好！

今天我们在南昌召开的"巾帼不让须眉 创新发展争先"女企业家座谈会，来自全国 16 个省市的 30 余名女企业家参加会议。江西省住房和城乡建设厅建筑监管处二级调研员向恭水、江西省建设监理协会会长谢震灵出席会议并致辞。会上早生会长做"以高质量为目标 推动监理行业转型升级创新发展"的报告，对行业发展提出"补短板、扩规模、强基础、树正气"的要求，我们要认真思考。

有 6 名女企业家分享了本公司在创新发展方面的经验。江西恒实建设管理股份有限公司介绍了企业开发并应用筑慧云的成功经验及 BIM 在工程咨询中的应用，观摩了信息化远程管理和无人机巡查的智慧化服务。上海建科工程项目管理有限公司介绍了企业在管理创新、产品创新等方面的做法，并提出了监理向数字化转型的发展方向。安徽省志成建设工程咨询股份有限公司以党建引领业务，筑基固本，探索咨询服务创新发展的新思路，提出法务咨询服务等理念。北京兴油工程项目管理有限公司介绍了领导是如何总揽全局，激励员工，拓展业务，勇于担当，创新管理。承德城建工程项目管理有限公司介绍了企业战胜困难，不断创新发展，尤其是解决监理队伍中出现问题的办法，如现场监理"七个一""四项要求"都非常具有操作性。中建卓越建设管理有限公司分享了企业在新发展格局下工程咨询业业态升级的思考与探索，业务横向延伸到了新能源领域，纵向开拓到工程金融咨询领域等。

这次座谈会的总体感受，一是将创新发展贯穿于企业发展的全过程，二是重视人才的培养，三是建立激励机制，四是重视信息化管理和智慧化监理。

这次会议也是根据女企业家建议，列入了 2021 年协会工作计划，并经六届三次会员代表大会审议通过的。会议在江西省建设监理协会协助、江西恒实建设管理股份有限公司大力支持下，还是比较成功的。促进了女企业家之间交流合作，开拓了女企业家的视野，扩展创新发展思路，充分激励了女企业家带领企业做好监理工作、创新发展的积极性。

历史的发展离不开杰出人物的引领。

女同志自古至今都是社会发展的一支主要推动力量，从母系社会的建立，到社会的发展进步，女同志均发挥了积极的推动作用。如嫘祖教人们种桑养蚕，抽丝织布。近代的革命先烈，如赵一曼、刘胡兰、江竹筠等为了中国革命事业的成功，献出了宝贵的生命。当代社会主义革命和建设中，在各行业也出现了许许多多优秀的女性工作者。因此，女同志是社会主义革命和建设，尤其是新中国特色社会主义市场经济建设的重要力量。在监理行业，女企业家支撑起了监理的一片蓝天。希望女企业家也要重视发挥男同志的作用。

借此机会谈点行业情况和想法供大家参考：

今年是在中国共产党成立百年华诞之年，也是"十四五"规划开局之年，新冠疫情还没有完全过去，要在此种情况下做到发展与防疫两不误，我们女企业家要多创造经验。

下面我将协会近期工作情况向大家做以报告，谈点个人对监理行业发展的意见供大家参考：

## 一、协会近期工作情况

今年3月18日，协会在郑州召开了六届三次会员代表大会：（一）审议通过了"中国建设监理协会章程"，新的章程规定协会每届为五年，并设立监事会。（二）无记名投票选郑立鑫、付静、周金辉、王岩为副会长，黄先俊为监事长。（三）审议通过了"协会2021年工作设想"。2021年协会主要工作有以下四项：一是在业务培训方面，计划全国分为六大片区对个人会员进行业务培训。各监理专业委员会的中国建设监理协会个人会员可参加所在片区业务培训，如会员人数较多的省或监理专业委员会也可单独组织业务培训。二是在标准化建设方面，今年计划转5项团体标准（房建监理工作标准、房建人员配置标准、房建资料管理标准、房建市政监理工器具配置标准、化工监理工作标准），试行4项工作标准（城市轨道交通监理工作规程、市政道路工程监理工作标准、市政工程监理资料管理标准、市政基础设施项目监理机构人员配置标准），开展7项课题研究，其中4项课题是协会根据行业发展需要开展的（包括监理工作信息化管理标准、施工阶段项目管理标准、监理人员职业标准、全过程工程咨询指南），3项是受部委托开展的（全过程工程咨询监理计价规则、业主行为规范、住宅装修监理作用发挥）。三是在会员诚信建设方面，在去年"单位会员信用自评估"基础上，今年计划将完善单位自评估工作，并将结果在会员范围内公布，强化单位会员信用动态管

理。四是在行业交流方面，计划召开两个经验交流会一个座谈会，上半年召开项目监理机构经验交流会，下半年召开全过程工程咨询和监理巡查经验交流会。希望女企业家积极推荐，争取将经验在大会上与大家分享。一个座谈会即今天召开的女企业家座谈会。

## 二、对监理行业发展谈点意见

（一）坚持"自信"，履行监理职责

监理制度是吸取国外先进工程管理经验、结合我国国情创立的具有中国特色的工程建设管理制度，作为工程建设管理4项制度之一，监理制度在国家经济建设，尤其是在加强工程建设管理方面发挥了积极作用，监理队伍在保障工程质量安全方面成为一支不可替代的力量。但是，监理在发展过程中确实存在一些这样那样的问题。中央巡视组指出监理存在以下四个问题：一是监理管理不到位，二是监理人员素质低，三监理是缺乏考核机制，四是存在监而不理的问题。各级建设主管部门在对工程建设检查中也发现存在监理履职不到位，人员素质低等问题。这些问题的存在，有客观原因，但主要与我们监理队伍自身建设有很大关系。近期有位地方监理协会的同志写了篇文章，我看后很有感触，文中对监理作用持否定态度，对监理制度忧心忡忡。我个人认为，作为监理人一定要对监理有"自信"，即对监理制度自信，对监理工作自信，对监理能力自信，对监理发展自信。这是因为，监理履行的是工程建设监督管理职能，肩负的是社会责任。在现阶段，国家法制不健全、社会诚信意识薄弱、建筑市场管理不完全规范，国家

还处在快速高质量发展阶段，建设投资在逐年增加，技术复杂程度在不断提高，大规模的建设要保障工程质量安全，没有监督是不行的。因此，不要忧心监理制度会不会被取消，而要思考应当如何提高监理人员素质，加强信息化管理和智慧化监理，强化监理作用发挥，更好地保障工程质量安全。提高人员素质这方面最重要的一项是提高业务素质，业务素质的提高，一是靠学习他人的经验，二是靠实践的积累。实践的积累对提高业务素质还是有限的，主要还是靠学习他人的经验。协会为了服务会员，专门办了一个"会刊"《中国建设监理与咨询》，其中一个栏目就是学术交流，希望女企业家们对此事给予关注和支持，使"会刊"办得更好，为行业发展、为人才培养起到更大的作用。其他方面还有，加强信息化管理，如江西恒实的远程管理，解决了过去点多面广、管理跟不上的问题；实现智慧化监理，如无人机巡查，发现问题自动抓拍等。从近期监理工程师考试报名来看，报名数量与往年相比有大幅增长，说明监理行业还是有吸引力的，发展前景大家还是看好的。工程监理未来的发展，应当是管理信息化、工作标准化、服务人工智能化。

（二）顺应改革，走适合企业发展的道路

随着高质量发展的落实和供给侧结构性改革的推进，国家建设主管部门在建设组织模式、建造方式和咨询服务模式方面正在进行改革。如在建设组织模式方面推行工程总承包，在民营投资工程项目建设中推行建筑师负责制，在国有投资工程项目建设中推行代建制；在建造方式方面，推行装配式建筑（包括钢混、钢结构、木结构建筑）；在服务模

式方面，推行项目管理（含监理）、全过程工程咨询（含监理）、工程质量保险、政府购买监理巡查服务等。改革是必然趋势，也是时代发展的必然要求。

建设组织模式、建造方式和咨询服务模式的改革，有利于国家工程建设事业健康发展，对监理行业发展带来了机遇和挑战。企业要根据自身的能力和愿望，选择适合自身发展的道路。在建筑业改革发展的大潮中，只有抓住发展机遇，选择正确的发展目标，加强人才教育培养和储备，随时迎接新的考验，走适合企业发展的道路，企业才能在中国特色社会主义市场经济大潮中扬帆远航。

（三）严格履职，保障工程质量安全

监理队伍随着国家经济建设发展而在不断壮大。据统计，截至 2019 年底全国共有监理企业 8469 家，综合资质企业 210 家，甲级资质企业 3760 家，乙级资质企业 3564 家，都有不同程度增长。从业人员 115.96 万人（不含工程施工人员），其中工程监理从业人员 80.24 万人，占从业人员的 69.19%；注册监理工程师 17.33 万人，占工程监理从业人员的 21.59%；业务合同额 8500 亿元，其中监理合同额 1987 亿元，占总业务量的 23.38%；总营业收入 5994 亿元，其中监理收入 1486 亿元，占总收入的 24.79%，与上年相比，均有不同程度增加。这支队伍几十年来在保障工程质量安全和履行法定的安全责任方面坚持发扬向社会负责、业务求精、坚持原则、勇于奉献、开拓创新、诚信执业的精神，做出的成绩是有目共睹的。女企业家和女监理工作者发挥了重要的作用，撑起了监理一片蓝天。目前国家还处在高质量发展时期，建设工程项目多、规模大、复杂程度高，在法制不够健全、社会诚信意识较薄弱、建筑市场管理还不完全规范的情况下，保障工程质量安全监理队伍仍然是一支不可或缺的力量。希望各位女企业家无论是做监理还是做工程咨询，都要将质量安全放在首要位置，力争监理或咨询出更多高质量的建筑工程。

祝女企业家们在地方建设监理协会的指导下，发扬巾帼不让须眉之志，坚持以习近平新时代中国特色社会主义思想为指导，紧紧围绕监理行业发展实际，不断强化企业自身管理，加强标准化建设，提高信息化管理水平和智能化服务能力，促进行业高质量发展，为落实"十四五"规划，为实现中华民族伟大复兴，为庆祝中国共产党百年华诞做出监理人应有的贡献！

最后让我们以热烈掌声向江西省建设监理协会、江西恒实建设管理股份有限公司对此次会议的热情服务和提供的支持表示衷心感谢！

谢谢！

# 中国建设监理协会会长王早生在广东省 "数据融通　赋能发展"信息化论坛上的讲话

（2021年4月28日）

大家早上好：

广东省建设监理协会今年率先举办"数据融通　赋能发展"信息化论坛。首先，我代表中国建设监理协会向信息化论坛的成功召开表示热烈祝贺！此次论坛主旨是推进信息化与监理行业发展的深度融合，推动建筑业高质量发展，符合行业发展的要求。去年七月，中国建设监理协会在陕西召开了首次"信息化管理和智慧化服务现场交流会"，很多优秀企业介绍了信息管理和智慧化服务的先进经验。今天广东省召开的经验交流会，将带动行业信息化建设蓬勃发展。进一步推动广东省，乃至整个监理行业信息化建设发展。

## 一、为什么要加强监理企业信息化建设

在首届数字中国建设峰会开幕式上，习近平总书记指出，信息技术创新深入发展，在推动经济社会发展、促进国家治理体系和治理能力现代化、满足人民日益增长的美好生活需要方面发挥着越来越重要的作用。加快信息化建设，就是要适应我国发展新的历史方位，全面贯彻新发展理念，以信息化培育新动能，用新动能推动新发展，以新发展创造新辉煌。随着信息化和智能化技术的发展，传统的监理服务模式难以满足今后的信息化工程建设管理模式，监理企业应顺应社会发展，不断改革创新，借助信息化和智能化的手段，优化监理服务模式，有效实现工程建设各层面的要素可视化、数据的精准度量以及自动辅助预警等工作，大幅度减少人工成本，从而保证信息的可靠性与决策的准确性。

（一）信息化是时代进步的必然。目前，中国已是信息化时代，市场竞争日渐激烈，信息化建设在促进企业发展、提升企业核心竞争力方面发挥着越来越重要的作用，也是企业实现长期持续发展的重要推动力之一。同时，信息化发展正在改变着工程建设组织实施方式，因此，推动企业信息化建设，是时代发展的要求，是监理企业顺应时代发展要求必须完成的目标。

（二）信息化能够为企业和业主双方创造更大的效益。短期来看，信息化投入大、收益慢，从长远角度看，无论是对企业的创新发展、转型升级都会带来质的变化。积极开展信息化管理工作是下一步在推动信息化建设方面的持续动力，如BIM等技术在监理项目上的应用，无论是从自身服务水平、竞争力的提升，还是市场要求、政策导向和为业主创造经济效益，都将是必然的选择。大数据、物联网、5G技术、云计算、BIM技术、装配式建筑等，将对传统建筑业生产模式产生猛烈冲击，只有企业把握住机会，才不会被信息化时代的市场所抛弃。

（三）信息化是提升监理服务能力的必由之路。监理作为工程卫士，更应站在行业角度深入学习信息技术，利用信息化更好地融合与创新，进而提供高效、可行、可信的信息进行确认及采纳，避免重复劳动，优化资源配置、提升服务效能。因此，信息化技术融合到工程监理工作中，将彻底改变传统的工作方式，促进监理行业转型、升级、创新，最终实现并履行好企业的社会责任。

（四）推动监理服务从信息化向智慧化转型。企业信息化建设不是简单的购买或开发管理软件，而是需要建立一整套能够实现信息共享、提升监理履职能力的智慧化服务平台，实现施工现场管理数字化、智慧化，提高信息传递、分析效率，降低人工成本，确保工程质量安全生产管理有序推进，提质增效。

## 二、如何提升监理企业信息化管理能力

"补短板、扩规模、强基础、树正气"是监理企业和行业改革发展之路，高质量发展是我们的奋斗目标，而信息化建设是抓手，是重要手段，是今后企业发展的重要着力点。应当在以下几个方面加强工作，取得实效。

（一）提高思想认识，加强信息化建设。加强监理企业信息化建设是提高企业核心竞争力，优化企业的管理模式、组织框架、业务流程、适应市场环境的有利途径。目前大多数监理企业的信息化管理水平亟待提高，监理企业的决策者应提高思想认识，高度重视企业信息化建设，企业通过加强企业信息化建设，避免信息孤岛，实现信息资源整合统一，全面改革企业管理体制和机制，大幅提升监理企业的工作效率、市场核心竞争力和经济效益。

（二）加大信息化装备投入，夯实企业管理基础。信息化装备是提高现场监理工作能力的有效手段，能够实时、便捷、有效地管控施工现场，提升现场监理履职能力。如施工现场巡查穿戴设备、无人机巡查、实时监控、智能识别等信息系统和装备，不断提升施工现场监理的履职能力，为业主提供信息化监理服务。

（三）重视人才培养，提高信息化应用能力。人才队伍的建设是监理企业转型发展的关键，信息化的监理人才是监理企业信息化建设的关键。因此，监理企业应构建信息化监理人才培养的长效机制，加强信息化监理人才的培养，建立多层次、多渠道、重实效的信息化人才培养机制，逐步提高监理人员的信息化应用能力，从而提升现场监理的业务能力和水平。

（四）制定监理信息化服务工作标准。提高标准化能力，以高水平咨询引领高质量发展。目前，监理信息化服务工作标准还是空白，制定出台监理信息化服务工作标准可以有效推进监理信息化服务的标准化，推动包括BIM技术、物联网、AI（人工智能）在监理工作中的应用和融合，为助推传统监理向智慧监理方向转型奠定重要基础，为监理行业向高水平咨询服务转型提供工具支撑，以标准化、信息化手段促进监理工作效率提升，促进监理企业提升向市场提供高质量服务产品的能力，促进监理行业向信息化技术方向发展融合。

信息化建设与监理企业、行业的改革密切相关，是创新发展的重要抓手。

补监理信息化短板，强化企业管理基础。目前只有少数监理企业在开展业务中实现信息化管控，而大多数监理企业的监理手段过于传统，无法满足对现场施工质量安全监管的需求。在项目建设前端的设计和建设过程中的施工环节已广泛使用BIM等信息化技术，如果监理的监管手段落后于施工单位，将无法对施工现场进行有效的监管。所以，监理企业要加大信息化装备的投入和人才培养，不要认为发展BIM、无人机巡查、智能视频监控等属于高不可攀的科技，这些装备应该是今后监理企业的标配，是最基本的能力建设，是提升企业核心竞争力的关键。信息化的监管系统也很重要，如江苏省苏州市建立的"现场质量安全监理监管系统"，开创了施工现场质量安全监管新模式，改变了传统监管方式，提高了监管效率，能够做到工程项目监理业务全过程留痕，实现对建设过程、关键部位、重点环节的全覆盖，保证监理工作的公正、专业、透明，加强了市场与现场联动，责任与利益统一，从而促进监理企业的廉政建设，监理人员的廉政从业，塑造监理新形象。

今天在大会上交流的都是业界的专家学者，监理行业内开展信息化监理工作的优秀企业家，软件企业及IT服务商的相关部门负责人，他们将通过企业信息化建设或项目案例来交流经验和做法，请大家结合实际，学其所长，不断提升自己的服务专业水平能力。

我希望其他省协会向广东省协会学习，也开展监理信息化发展经验交流。数据融通，赋能发展，让我们大家共同努力，积极推动监理行业改革创新，实现监理行业的高质量发展。

谢谢大家！

# 公路隧道施工监理安全质量控制实施要点

## 卓效明　周德富

中铁科学研究院四川铁科建设监理有限公司

摘　要：作者依据多年隧道施工监理的实践，以厦门仙岳山公路隧道施工监理为例，详述了隧道工程安全质量监理要点，内容具有可操作性，可供监理人员和管理人员参考。

关键词：隧道施工监理；安全质量监理要点；监理工作实践的体会

## 一、工程基本情况

（一）工程概况

厦门仙岳山公路隧道位于厦门市新旧市区和湖里工业区之间，隧道由东西两洞组成，东洞长1071m，西洞长1096m，隧道净宽9.1m，净高6.5m，东西两洞线间距为30m。隧道建成后对改善厦门市的投资环境具有重要意义。

（二）工程地质和水文地质概况

仙岳山山体为向斜构造，洞身岩性为坚硬的流纹岩。有一条12m宽的断层F22，还具有许多小断层。北洞口为浅埋、破碎、富水、强风化花岗岩，南洞口临近闹市区。隧道中部地表为地表水分水岭，地质上形成储水构造，地表水可沿着裂隙渗入隧道，F22断层破碎带及北洞口涌水量较大，台风雨季尤为严重。

隧道围岩类型分别是：北洞口120m浅埋破碎带属于Ⅴ级，各条断层破碎带属于Ⅴ、Ⅳ级，洞身为Ⅲ级，临近闹市区的南洞口为Ⅱ级。

（三）隧道施工难点及安全质量监理重点

1. 北洞口120m浅埋、破碎、富水、强风化花岗岩，属于Ⅴ级围岩，为本工程施工难点之一。

2. F22及其他断层破碎带为Ⅳ、Ⅴ级围岩，属于危险性大的分部分项工程，应当由施工单位负责编制专项施工方案，经过施工单位技术负责人、总监审批之后实施。

## 二、施工准备阶段的安全质量监理工作

（一）隧道安全质量控制的依据：《建筑法》《建设工程质量管理条例》《建设工程安全生产管理条例》《隧道施工安全技术规程》，隧道设计、施工、监理规范，建设合同、技术标准及图纸。

（二）隧道安全质量控制要点：隧道开挖，不允许欠挖，超挖值应在规范允许范围内，炸药库房与项目部的安全距离不小于300m，炸药、雷管加工操作，爆破器材收发登记管理制度应符合《爆破安全规程》国家标准第1号修改单GB 6722—2016/ XG 1—2016 的规定要求。爆破工需持证上岗。初期支护，喷射混凝土厚度、强度符合《公路工程质量检验评定标准　第一册　土建工程》JTG F80/1—2017。具体目标：钻孔取样的喷射混凝土试件平均厚度大于设计厚度，最小厚度大于0.6设计厚度。二次衬砌（钢筋）混凝土的强度、厚度必须满足《公路工程质量检验评定标准　第一册　土建工程》JTG F80/1—2017。具体目标：钻

孔取样的二衬混凝土90%检查点的厚度大于设计厚度，最小厚度大于0.5设计厚度。喷射混凝土及二衬混凝土强度控制值：平均值大于1.05设计值，最小值大于0.85设计值。二衬混凝土拆模时间应符合《隧道施工安全技术规程》的要求。

（三）隧道质量通病及整改措施：爆破严重超挖，喷射混凝土厚度、强度不足，喷射混凝土不够密实，二衬混凝土厚度、强度不足，拱顶空鼓，不够密实。这些是隧道施工常见的通病。整改措施：严格按爆破设计专项施工方案组织施工控制超挖，采用钻芯取样试验的方法检查喷射混凝土及二衬混凝土厚度、强度是否符合《公路工程质量检验评定标准　第一册　土建工程》JTG F80/1—2017。二衬拱顶空鼓应采用注浆工法充填密实，对于混凝土、砂浆，试块、试件，监理工程师应按《公路工程质量检验评定标准　第一册　土建工程》JTG F80/1—2017要求的频率做平行检验，确保工程安全、质量始终处于受控状态。

（四）隧道工程施工安全风险评估及对策

浅埋、富水、软弱围岩及断层破碎带围岩施工过程中易发生突水、突泥，坍塌及塌方等施工安全风险。要求施工单位编制专项施工方案，组织专家论证，严格按专项施工方案组织施工，配合超前地质预报、围岩监控量测、爆破振动速度监测等技术措施，确保施工安全。

（五）严把开工关：专业工程师审查承包单位报送的工程开工报审表，具备开工条件时，由总监签发开工报审表，报建设单位审批后，总监签发工程开工令。

（六）审查安全生产管理的监理工作内容、方法和措施是否符合法律、法规及工程建设强制性要求，项目负责人任职资

格，安全生产应急预案是否健全、有效。

# 三、施工阶段的安全质量监理工作

隧道施工主要包括洞口、洞门工程，隧道掘进工程，初期支护工程，防排水工程，二次衬砌工程，不良地质隧道监控量测及超前地质预报工程等，现分述如下。

（一）洞口、洞门分部工程

1. 北洞口隧道进洞前应首先进行洞口超前支护（含小导管、格栅钢架、锚杆、钢筋网、喷射混凝土），然后进洞开挖，再做施工洞口初期支护，最后施工洞口二次衬砌钢筋混凝土工程，浅埋隧道进洞时应做地表沉降监测，主要工作内容：埋点、超平，并注意监测频率。地表沉降测点应与隧道洞外测量控制网测点定期联系测量。

2. 洞口段施工应避开雨季。洞口土石方开挖，采用控制爆破，禁止采用硐室爆破，隧道门施工，基础必须置于稳固的地基上，虚碴、杂物、积水、软泥必须清除干净，并在雨季来临之前完成。洞口段开挖、支护、二次衬砌施工，依据洞口地质条件，对地面建筑物的影响，选择合适的开挖和支护方式并及时施工二次衬砌混凝土。隧道端墙混凝土应与隧道洞口混凝土同时浇筑。隧道门的排水，截水设施应配合洞口施工，同步完成。

3. 值得重视的施工安全问题：

1）在高于2m的边坡上作业时，应遵守高空作业的要求；

2）隧道洞门及端墙施工时，砌体工程脚手架、工作平台应搭设牢固，并设扶手栏杆；

3）端墙起拱线以上部分施工时，应

设安全网，防止人员、工具和材料坠落。

（二）隧道洞身掘进分部工程

1. 北洞口120m属于V级围岩，采用正台阶法开挖，上台阶超前3～5m，采用单层水平斜眼掏槽，循环进尺1m，上台阶采用光面爆破，下台阶采用预裂爆破。

2. 软弱围岩及断层破碎带隧道掘进，IV、V级围岩采用台阶法开挖时，应符合下列规定：1）上台阶每循环开挖支护进尺V级围岩不应大于1榀钢架间距，IV级围岩不大于2榀钢架间距；2）边墙每循环开挖支护进尺不大于2榀；3）仰拱开挖前必须完成钢架锁脚锚管，每循环开挖进尺不大于3榀，并及时封闭成环。

3. 开挖工作面与初期支护、二次衬砌之间的距离应在确保施工安全并力求减少施工干扰的原则上合理确定。具体安全步距见监控量测分部工程。

4. 隧道开挖断面应以设计衬砌内轮廓线为基准，考虑预留变形量、测量贯通误差和施工误差等因素适当放大5cm。

5. 严格按照批准的专项施工方案组织施工，爆破开挖专项施工方案有重大变更时，应按照规定程序报安全生产管理部门及专家审批后执行。

6. 洞身掘进的监理重点：开挖之前重点检查爆破专项施工方案是否安全可行。钻爆过程中重点检查是否按照设计组织施工。爆破之后重点进行爆破效果及安全检查，主要检查：开挖断面几何形状是否符合设计要求，分析爆破效果及地质条件的变化，及时调整爆破方案，准备下一循环的钻爆作业。爆破后及时找顶并处理盲炮，修整断面，减少超挖，不宜欠挖。

（三）洞身初期支护分部工程

洞身初期支护分部工程主要包括小导管注浆加固、（格栅）钢架、超前锚

杆、径向锚杆、钢筋网、喷射混凝土、超前预注浆等分项工程。安全质量控制包含但不限于以下内容。

1. 锚杆直径、长度、数量、角度，注浆压力、抗拔力，锚杆注浆饱满度及外露长度检查。

2. 喷射混凝土配合比设计，喷射混凝土强度、厚度、密实度检查。检查验收方法依据《公路工程质量验收标准　第二册　土建工程》JTG F80/1—2017。选择速凝剂时，应根据水泥品种、水灰比，通过不同掺量的混凝土试验选择最佳掺量。使用前应做速凝效果试验，要求初凝时间不大于 5min，终凝时间不大于 10min。

3. 钢筋网钢筋直径、网格尺寸，钢筋网与锚杆头焊接情况检查。

4. 格栅钢架制作、拼装、安装的质量控制。格栅钢架的主筋直径不小于 18mm，钢架应在开挖或喷射混凝土后及时架设。

5. 钢架安装应符合下列要求：

1）安装前清除底部的虚碴及杂物，安装允许误差中线及高程为 2cm，垂直度为 ±2 度；

2）钢架安装可以在开挖面以人工进行，各节钢架间以螺栓连接；沿钢架外缘每隔 2m 应用混凝土预制块揳紧。

6. 钢架应与喷射混凝土形成一体，钢架围岩间的间隙必须用喷射混凝土填充密实。钢架应全部被喷射混凝土覆盖，保护层厚度不小于 40mm。

7. 小导管长度、直径、间距、搭接长度，注浆压力、注浆时间、注浆量检查，浆液质量控制。

8. 隧道开挖后自稳时间小于完成支护所需时间时，可以选择下列一种或几种措施组合进行超前支护和预加固处理：1）喷射混凝土封闭工作面；2）超前锚杆或超前小导管支护；3）设置临时仰拱；4）地表锚杆或地表注浆加固。

（四）洞身防排水分部工程

洞身防排水分部工程主要包括洞内排水沟、检查井、施工缝防水、变形缝防水、洞身防水板防水、纵环向排水盲管、围岩注浆防水等分项工程。安全质量控制包括但不限于以下内容。

1. 监理工程师组织专业工程师审核防水工程开工报告，检查核实开工应具备的各项条件，具备条件时，总监适时签发开工令。如果防水工程由具有相应专业资质的防水分包公司承担，监理工程师应审查分包单位资质及相关条件。报总监理工程师批准后，准予其进场施工。如果防水分包施工单位拥有专利技术或专长技术，监理单位不应加以阻挠，应让施工单位充分发挥专业优势，更快更好地完成防水工程施工任务。

2. 审核确认隧道防水卷材出厂合格证、质量检测报告、性能检验报告、材料进场抽检报告，检查验收防水卷材实物质量。

3. 防水板试铺试验段施工及验收，重点解决以下问题：基面处理、基面平整度检查验收；防水板搭接长度检查，焊缝充气试验。防水板试验段成品保护。铺设绑扎钢筋时，应注意钢筋焊接火花不得烧焦橡塑制品的防水板，避免发生火灾事故。

4. 防水板悬挂、铺设质量检查。要求搭接平顺，不得出现褶皱，采用无钉铺设工艺时，吊钉数量、间距、深度符合设计文件及相关规范要求。环向盲管、纵向排水管及三通接头连接质量应符合设计要求。

5. 试验段建议用 30m 长，摸索总结出各种工艺参数，让现场操作工人熟练掌握各种工序操作，避免各工序相互干扰，以便合理组织施工。试验段施工完毕，由总监组织验收，项目监理机构专业工程师，施工单位项目经理、技术负责人、质量负责人参加验收。必要时，邀请设计单位项目专业设计负责人参加。

（五）洞身二次衬砌分部工程

洞身二次衬砌分部工程主要包括洞身模板工程、洞身钢筋工程、混凝土浇筑工程、仰拱混凝土工程、隧底填充混凝土工程等分项工程。安全质量控制包括但不限于以下内容。

1. 隧道衬砌施工时，其中线、断面和内净空尺寸应符合设计要求。

2. 衬砌不得侵入隧道建筑限界，衬砌施工放样时，可将设计轮廓放大 5cm。

3. 混凝土浇筑前及浇筑过程中应对模板、支架、钢筋骨架、预埋件等进行检查；发现问题及时处理，并做好记录。

4. 浇筑二次衬砌混凝土宜合理选择模板衬砌台车、混凝土输送泵和混凝土输送罐车。

5. 衬砌台车的安装应位置准确、连接牢固、顶紧撑牢，严防走动，并按设计的隧道中线和拱顶高程、施工允许误差和拱顶预留沉落量对衬砌断面进行调整。

6. 衬砌混凝土配合比设计审查、确认。

7. 砂石、水泥等原材料质量检查，砂、石含泥量，碎屑及针片状含量检查。

8. 现场混凝土拌合计量装置检查。

9. 仰拱施工前，必须将隧底虚碴、杂物、积水等清除干净，超挖应采用同级混凝土回填。仰拱应超前拱墙二次衬砌，超前距离应保持 3 倍以上拱墙衬砌循环作业长度。仰拱每段浇筑宜一次成型，避免分部浇筑。

10. 仰拱混凝土宜全幅开挖，全幅浇筑，洞内临时道路的开通不得影响仰拱混凝土成品的保护。

11. 初期支护喷射混凝土，二次衬砌混凝土内净空宜符合隧道限界要求。

12. 二次衬砌混凝土厚度、强度，平整度宜符合设计要求。

13. 二次衬砌台车，拼装、行走，台车中线与衬砌结构中线测量误差宜不大于2cm，拱顶高程误差不大于2cm。

14. 施工缝、变形缝，挡头板，拱顶注浆孔位置、数量、长度宜符合设计及规范要求。

15. 二次衬砌混凝土拆模宜待二次衬砌混凝土强度达到2.5MPa时方可进行。

16. 对于复合衬砌应依据监控量测资料合理确定二次衬砌施工时间。二次衬砌应在围岩和初期支护变形基本稳定后施作。变形基本稳定是指隧道周边位移速度有明显减缓趋势。拱脚水平相对净空变化速度小于0.2mm/d，拱顶相对下降速度小于0.15mm/d，已产生的位移量达到总位移量的80%以上。

（六）软弱围岩和不良地质隧道超前地质预报及监控量测分部工程

1. 软弱围岩及不良地质隧道的施工应针对实际情况遵守"超前探，先治水，管超前，严注浆，短进尺，弱爆破，早支护，快封闭，勤量测"的原则。

2. 隧道开挖后初期支护应及时施作并封闭成环，Ⅳ、Ⅴ级围岩初期支护封闭位置距掌子面不得大于35m。

3. 软弱围岩及不良地质隧道的二次衬砌应及时施作，二次衬砌距掌子面的距离Ⅳ级围岩不大于90m，Ⅴ级围岩不大于70m。仰拱与掌子面距离：Ⅳ级围岩不大于50m，Ⅴ级围岩不大于40m。

4. 隧道超前地质预报和监控量测应作为关键工序纳入实施性施工组织设计。必须设置专职人员并经培训合格后上岗。

5. 软弱围岩及不良地质隧道应由设计单位进行专项超前地质预报设计；富水破碎断层隧道超前地质预报应采用以水平钻探为主的综合方法。

6. 监控量测操作要点：1）根据隧道地质情况、施工方法、断面情况制定监控量测实施方案，制定监控量测基准值；2）隧道开挖时要及时对掌子面地质变化和围岩稳定情况进行观察，查看喷射混凝土、锚杆和钢架等的工作状态，发现异常时，立即采取措施，浅埋地段要做好地表沉降监测和地表观察；3）在开挖工作面施工后及时安设测点，并及时取得初读数，测点布置应牢固可靠、易于识别，并注意保护，拱顶下沉和地表下沉量测基点应与洞内或洞外水准点联测，每15～20d应校核一次；4）净空变化和拱顶下沉测点布置在同一断面上，并按规定频率做好监测工作。

7. 监控量测主要内容：1）隧道超前地质预报，掌子面地质观察与素描；2）拱顶沉降、地表沉降量测、边墙净空位移收敛量测；3）爆破振动监测：仪器安置选址、传感器安装、测振仪器调试、测振仪器设备标定、振动速度监测资料的分析和应用。

## 四、隧道监理工作实践的体会

（一）监理是一种集技术、经济、法律、管理为一体的综合管理行为。监理人员应恪守"公证、科学、诚信、自律"的职业道德和不怕苦、不怕累的敬业精神。

（二）监理人员应熟悉本行业设计、施工及监理规范及验收标准，遵循"热情服务，严格监理，秉公办事，一丝不苟"的原则努力学习，不断提高业务水平及管理水平。

（三）日常检查工作监理人员必须亲自参加并认真检查，以理服人，以数据说话，确保工程质量。

（四）隧道是大型隐蔽工程、风险工程，靠目前的勘探技术，在隧道贯通之前，隧道的工程地质及水文地质情况不是很清楚。这些因素在很大程度上决定了隧道施工方案，同时，隧道施工又是循环作业，一天24h各项工序在掌子面附近安全步距范围内不停地进行，监理工程师必须及时地对各工序质量进行检查验收，这给隧道施工监理增加了难度。监理工程师必须有高度的责任心，以工程建设合同、技术规范、技术标准及图纸为依据，综合运用技术、经济、法律、管理等手段搞好隧道监理工作。

参考文献

[1] 公路隧道施工技术规范：JTG 3660—2020[S]. 北京：人民交通出版社，2020.
[2] 公路隧道设计规范 第一册 土建工程：JTG 3370.1—2018[S]. 北京：人民交通出版社，2019.
[3] 公路工程质量检验评定标准 第一册 土建工程：JTG F80/1—2017[S]. 北京：人民交通出版社，2018.
[4] 中国建设监理协会. 全国监理工程师考试培训教材[M]. 4版. 北京：中国建筑工业出版社，2019.

# 住宅工程监理过程中的难点

苏强

上海海达工程建设咨询有限公司

目前国家提倡建设项目监理全过程服务，为业主提供从项目前期准备到竣工验收的一整套服务，但现阶段各监理公司承接的业务大多依然是施工阶段的监理服务，因此项目施工过程中的监理工作是重点，也是难点，下面根据笔者在实际工作中遇到的各种问题，谈一点心得体会。

## 一、项目施工过程中与周边环境的矛盾

住宅项目包括私人开发商投资开发的商业项目，以及政府投资的安置房、公租房项目，这些项目有的地处郊区，周边环境开阔，居民较少，商业开发程度较低，对于项目施工的制约因素较少。但更多的项目还是处于城市主城区，受工地周边环境影响较大，包括：1）周边社区居民对施工噪声、空气污染的投诉；2）夜间施工许可证无法得到审批，主要原因就是存在扰民的问题；3）施工材料进场及混凝土浇筑过程中会对周边交通造成不利影响；4）文明施工的好坏会对周边环境造成影响，扬尘控制、噪声控制、施工产生的污水排放等都必须严格管理。

项目施工过程中会产生各种噪声，包括混凝土搅拌、木工切割模板、钢筋加工等。由于项目地处城区繁华地段，周边居民小区较多，且与工地红线距离较近，甚至可能只是相隔一条道路，因此施工噪声对居民的影响是比较大的，特别是夜间施工对居民的休息会产生较大影响。因此噪声投诉占到居民对工地投诉量的第一位。合理安排工序，尽可能使用低噪声的设备，如噪声较大的工序尽量安排在白天，使用静力切割设备、静力压桩设备等，都能有效降低对施工噪声的投诉。同时，总包单位应在平时加强与周边社区居委会的联系，定期走访。通过开联系会的形式，多听取社区居民的意见，对居民提出的问题，在自身能力范围内尽可能地给予解决。如个别居民提出的房屋修补问题，可以给予帮助，以此来拉近与周边社区居民的感情，取得他们对项目施工的理解。如果以上方法仍得不到居民的认可，可能会出现居民封堵工地大门，阻断施工的极端情况。此时，应理性对待，多做解释工作，使矛盾及时得到解决。

## 二、对施工质量的监控

施工质量反映在两个方面：实体质量和相关书面资料。

（一）实体质量体现在从最基础的钢筋加工到模板搭设、钢筋绑扎、混凝土浇筑等各项工序，每一道工序都需要监理进行验收或者旁站、平行检验，从而对实体质量进行监控。

钢筋加工应严格按照施工蓝图和国家相关规范要求进行。但有的施工单位在加工过程中为了降低成本，往往偷工减料。如框架梁上部钢筋在直锚长度达不到规范要求的情况下应进行弯锚，且弯锚长度应到达 15d，但施工单位常常不做弯锚，或者即使进行了弯锚，但弯锚长度也达不到要求。监理在现场指出该问题后，施工单位往往找各种理由搪塞，不愿意配合整改。

钢筋绑扎过程中，存在钢筋数量、规格与设计不符的情况。如在梁、柱配筋率比较高时会减少部分主筋、箍筋、拉钩数量，用小规格钢筋代替大规格钢筋，希望通过这些方法降低成本。由于现阶段监理队伍素质的参差不齐，部分监理人员对图纸和规范理解不到位，责任心不强，导致现场验收时不能及时发现这些问题，造成监理工作的被动。

模板搭设，特别是高支模、满堂架搭设，施工单位为图施工方便，往往不按照施工方案进行搭设，随意减少水平杆、扫地杆数量，使得整个模板支撑体系存在大量的安全隐患。同时施工单位内部缺少自检程序，在未进行自检的情况下，直接通知监理来进行验收。因

此验收时问题较多，监理人员变相成了"施工员"。混凝土浇筑前应对模板内的垃圾进行清扫，但施工单位经常流于形式，导致拆模后混凝土外观质量不好，容易出现蜂窝、麻面的情况。

混凝土浇筑过程中，振捣操作人员常常振捣不到位，导致拆模后露筋。

（二）与实体质量相对应的是各种书面验收资料。实体质量再好，如果没有相应的书面资料对应也是无法完成项目验收的。在实际工作中遇到最多的问题是施工单位对于资料报审的滞后，个别严重的情况，施工单位在项目结束后才开始补资料，从而造成工程质量得不到保证，程序缺位。

质监站来工地检查，内容包括资料检查和现场实体检查两部分，而资料检查又往往是重点。安全资料、质量资料其实都是现场实际情况的反映，缺一不可。质量方面，从材料进场验收、复试，到各道工序的检验批、分项、分部验收，现场材料是否验收合格后才被使用，监理平行检验是否按比例在做、检验结果如何，现场拉拔试验、管道的压力试验等是不是都做了，这些都需要相关书面资料的支撑，因此书面资料的搜集整理非常重要。但施工单位对于书面资料的重视程度往往不够，认为晚一点没关系，只要不少就可以了，这些错误的观念导致监理在工作中要不停地向施工单位催要各种资料，既耗费了大量精力，又耽误了工作。

针对上述这些问题，监理可以通过通知单的形式要求施工单位立即整改，但现实当中施工单位往往避重就轻，容易整改的马上配合监理进行整改，不容易整改的部分要么采取拖延战术，要么直接拒收通知单，拒不配合整改，甚至不理会监理，直接进入下道工序的施工。

## 三、与业主方的合作

我国监理行业的现状是监理费用由甲方直接支付给监理公司，因此监理公司为了能按时收到监理费，只能要求派驻现场的监理人员尽可能满足甲方的各项要求，包括质量、安全、工期方面的指示，现场监理人员只能对甲方言听计从。

甲方为了按期完成项目，会制定各大节点目标，如正负零零以下的地下部分、主体封顶、竣工验收等节点时间。施工单位为了完成这些目标，往往会牺牲质量和安全，如混凝土强度未达到设计要求，提前拆撑、拆模，以便进行下一楼层的施工；又比如为了加快施工进度，进行夜间施工，在视线不明的情况下强行进行塔吊的吊装作业。在监理指出上述问题，要求施工单位整改，并已下发监理通知单甚至暂停令的情况下，施工单位往往拒不停工，此时甲方也会要求现场监理配合施工单位，以工期为主，不能停工，这样带病施工，不出安全问题，皆大欢喜，出了问题又会责怪监理没有制止，监理成了承担责任的那一方。

## 四、解决对策

上述问题的解决可以通过两方面来进行：

（一）根据《建设工程监理规范》GB/T 50319—2013要求，工程开工前应召开第一次工地会议，该会议的一个重要内容就是总监理工程师对施工准备提出意见和要求，同时介绍监理规划的主要内容，因此监理可以在会上将今后工作中对安全、质量的要求详细介绍给施工单位，给他们提前打好"预防针"。不论是现场施工要求还是书面资料搜集整理的要求，

都一并进行告知，避免今后出现扯皮的现象。比如施工单位对于监理通知单的回复必须有整改完成后的照片，现场钢筋验收未完成前不得封模，塔吊进行吊装作业必须有吊装令，材料使用前施工单位要向监理进行报审，材料取样复试要通知监理到场见证等，这些要求都需要一一提前告知施工单位。

（二）在项目施工过程中，监理在现场巡视、验收中发现的安全、质量问题应第一时间告知施工单位现场安全员、施工员，口头要求他们立即整改，并开出相应的监理通知单，为了确保施工单位按要求整改到位，监理人员应提高工作的主动性，增加整改部位的巡视时间、频率，必要时应该全程旁站。整改完成后，提醒施工单位拍好整改后的照片进行回复，从而使问题得到封闭处理，不留隐患。

如果施工单位不按要求整改或者拒收通知单，监理可以及时与甲方联系，将相关情况告知甲方，并与甲方协商，由甲方出面与施工单位沟通，使问题得到解决。

如果问题依然得不到解决，监理应及时开出暂停令，并向当地受监部门进行汇报，从而最大限度地降低自身的责任风险。

总之，监理在工作中应该积极主动地与参建各方交流，通过事前告知，事中提醒，利用监理通知单、联系单、月报、监理例会等多种形式，对现场安全、质量问题进行管控，并留有书面痕迹，从而既第一时间解决了现场问题，也最大可能地保护了监理人员的自身利益。

参考文献

[1] 建设工程监理规范:GB/T 50319—2013[S].北京:中国建筑工业出版社,2014.

# 球罐组装技术改进

## 张炜

吉林梦溪工程管理有限公司

**摘　要：** 球罐的组装是球罐安装的关键环节，组装质量的好坏直接影响焊接质量。多数施工企业经过多年的球罐施工已掌握散装插片工艺法。这种方法就是在球罐基础上，将每块板逐一组装成球。此方法具有吊装简便、应力疏散、成球质量好、组装速度快、节省手段用料等优点，但是受脚手架搭设影响，组装效率不高。本文将阐述一种在此方法基础上进行技术改进的球罐组装工艺，从而能够较大降低施工成本、节约施工时间，供施工和管理人员参考。

**关键词：** 球罐；组装；技术改进

## 一、球罐组装流程

如图1、图2所示：

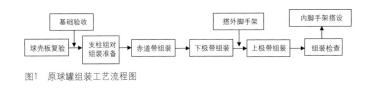

图1　原球罐组装工艺流程图

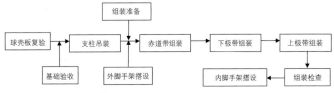

图2　改进后球罐组装工艺流程图

## 二、施工准备

施工准备是一个重要的阶段，它是影响工程总进度和工程质量优劣的具有决定性的前期工作。应根据施工准备工作之间的依存和制约关系，科学组织施工准备工作。

球罐安装施工准备工作中，对相互没有制约关系的各项准备工作采取同步组织的方法进行，即技术准备、人员组织、物资设备供应、外部施工条件的创造等同时进行，最大限度地缩短施工准备周期。

原组装工艺：在球壳板复验后，进行定位块吊耳焊接、内部三脚架安装、挂梯安装、跳排铺设、安全护栏安装等准备工作。

改进后组装工艺：在球壳板复验后，进行定位块吊耳焊接。

对比两种组装工艺，改进后的施工工艺更加简单，准备工作量大大减少。根据统计，在投入相同人力情况下，准备工作时间可减少2天。

现将具体的施工工序及投入的人力及机具进行如下对比，见表1、表2。

通过对两种组装工艺进行比对，发现改进后的组装工艺存在以下优势：

（1）球罐组装施工周期缩短近一半。

原组装工艺  表1

| 序号 | 施工内容 | 时间/天 | 焊工 | 铆工 | 力工 | 起重工 | 架子工 | 焊机 | 台数 | 台班 | 备注 |
|---|---|---|---|---|---|---|---|---|---|---|---|
| 1 | 划线、定位块焊接 | | | | | | | | | | |
| 2 | 上下支柱组对及定位焊焊接 | 5 | 6 | 4 | 10 | 2 | 0 | 6 | 1 | 3 | |
| 3 | 球罐赤道带挂梯、下极带挂架及跳排的搭设 | | | | | | | | | | |
| 4 | 赤道带、下极带组装及挂架搭设、拉杆安装 | 2 | 6 | 4 | 10 | 2 | | 6 | 1 | 2 | |
| 5 | 外脚手架搭设 | 2 | | | | | 15 | | | | 其他工种休息及机具闲置 |
| 6 | 上极带组装 | 1 | 6 | 4 | 10 | 2 | | | | 1 | |
| 7 | 调缝及组装检查 | 1.5 | | 4 | 10 | | | | | | |
| 8 | 内部脚手架的搭设 | 1 | | | | | 15 | | | | |
| 共投入的人工日及台班 | | / | 75 | 50 | 125 | 12 | 82.5 | 75 | / | 6 | |

整个安装过程共需要12.5天

改进后组装工艺  表2

| 序号 | 施工内容 | 时间/天 | 焊工 | 铆工 | 力工 | 起重工 | 架子工 | 焊机 | 台数 | 台班 | 备注 |
|---|---|---|---|---|---|---|---|---|---|---|---|
| 1 | 划线、定位块焊接、上下极带内外脚手架的搭设 | 3 | 4 | 2 | 12 | 0 | 0 | 6 | | | |
| 2 | 下支柱吊装和拉杆安装 | 1 | | 2 | 6 | 2 | | | 1 | 1 | 此工序与上工序同时开始 |
| 3 | 球罐外部脚手架的搭设 | 2 | | | | | 15 | | | | 下支柱吊装完后立刻搭设脚手架 |
| 4 | 球罐赤道带、下极带、上极带组对安装 | 2 | 4 | 2 | 12 | 2 | 0 | 6 | 1 | 2 | |
| 5 | 调缝及组装检查 | 1.5 | 4 | | 12 | | | | | | |
| 6 | 内部脚手架的搭设 | 1 | | | | | 15 | | | | |
| 共投入的人工日及台班 | | / | 30 | 15 | 90 | 6 | 97.5 | 45 | / | 3 | |

整个安装过程共7.5天

（2）能够实现球罐组装工序连续进行，减少了机具的闲置和人员的窝工。

（3）组装工序减少了大型设备（吊车）的使用。

（4）大大减少了机具及人力的投入。

## 三、改进后球罐组装工艺

### （一）基础复查验收

1. 球罐安装前应按照施工记录、验收报告对基础各部位尺寸进行检查和验收，并办理移交手续。其偏差应符合表3中的规定，基础混凝土的强度不低于设计要求的75%方可进行安装。

2. 基础预埋地脚板表面的油污、碎石、泥土、积水等均应清除干净；预埋地脚螺栓的螺纹和螺母应保护完好；检查地脚螺栓露出长度、丝扣长度、变形等情况。

### （二）组装工卡具的布置与装配

组装用定位块采用与球壳材质相同的材料，先在地面将定位块按照铆工划线确定的位置焊接在球壳板上，在赤道带内侧坡口的赤道线部位焊上基准块，以保证赤道线的水平度，大环以下球板的定位块均焊于球壳板的凹面，大环以上（含大环）球板的定位块均焊于球壳板的凸面，定位方铁封焊三面，锤力方向的背面不焊，吊耳和挂耳四周满焊。必须保证焊接牢固可靠，防止吊装过程中因吊耳脱落造成人员伤亡和球壳板损伤。

球罐下极带在内侧焊接挂架定位块，上极带在外侧焊接挂架定位块，通过内外挂架实现球罐上下极带的组装。球罐赤道带组装采用外部脚手架作为操作平台。

### （三）操作脚手架制作

球罐内脚手架采用 $\phi48\times3$ 钢管与扣件连接的满堂红式内脚手架，在球壳板组对后从底部逐层搭设，并在层间铺设钢跳板作为操作平台。外脚手架与防护棚连为一体，在球罐支柱吊装后组立，由钢管扣件连接从底部向上逐层搭设，并铺设钢跳板作为操作平台。外脚手架外部用阻燃防护网与编织布组合进行覆盖作为防护篷，同时在球罐上部搭设篷盖，在上人孔上部留有排气孔。要求做到防风、防雨及防坠落，同时满足焊接及无损检验的要求（图3）。

**（四）球壳板吊装**

球罐组装采用散装法，即将球壳板逐块吊起，组装成球体。球壳板吊装顺序如下：

支柱—赤道带板—下极带边板—下极带侧板—上极带边板—上极带侧板—上极带中板—下极带中板。

**1. 支柱吊装**

球罐基础复验合格后，为方便外脚手架的搭设，先将下支柱进行安装。安装前将下极带板吊放到球罐基础圆内，把赤道带板均匀布置于球罐基础圆外四周，其他球壳板放置于稍远处，用50t汽车式起重机进行赤道带板的吊装。

吊装时，先吊第一个支柱，使支柱底板就位于基础上的定位基准圆内，拧紧地脚螺栓，并在滑板上焊接直角档以便增加支柱的牢固性。同样方法进行第二个支柱

的吊装，就位于相邻的球罐基础上，依照上述方法将其余支柱就位于球罐基础上，同时安装好拉杆。

球罐支柱安装后，开始搭设外脚手架。

**2. 赤道带板吊装**

外脚手架搭设完成后，安装赤道带板。首先安装带上支柱的赤道板，上下支柱用定位块和卡具连接，卡紧后在壳板上缘用4根钢丝绳斜向内外两侧拖拉固定，防止其倾倒。同样方法进行第二个带上支柱的赤道板的吊装。然后吊装其中间插板并打紧板间卡具，以此类推，直到赤道带合闭。

**3. 下极带边板、下极带侧板吊装**

吊钩从赤道带上环口内垂下，利用下极带边板、下极带侧板内侧的定位方铁作吊点进行吊装，下极带边板共4块，组装第一块板时，壳板上端固定在赤道带下环口后，下端用倒链一端固定在下极带边板，一端固定在吊车挂钩上，用倒链调整接头弧度，然后固定。其他3块以第一块板为基准，就位闭合。其后安装2块下极侧板。

**4. 上极带边板吊装**

在上极带边板外侧焊接固定吊耳，利用吊耳吊第一块上极带外边板，将其就位于赤道带上环口后。加以调整后，用拖拉绳加以锚固，打紧环缝卡具后摘钩。

采取同样方法，依次吊装上极带边板，并打紧相邻壳板之间的卡具，直至完成全部上极带边板的吊装。

**5. 上极带侧板和上极带中板吊装**

在上极带侧板外侧焊接固定吊耳，加以调整，打紧卡具后摘钩，同样办法吊装就位另一块上极带侧板，之后完成上极带中板的吊装。

**6. 下极带中板吊装**

考虑人员在罐内操作及内脚手架的拆除，下极中板暂不安装，待球罐其他焊缝全部焊完，借助定位方铁作吊耳，用手拉葫芦进行吊装就位。

**（五）焊道调整和定位焊**

球罐吊装就位后，在施焊前必须借助卡具定位方铁，按组装质量要求进行焊道调整。经检查合格后，划出定位焊位置线，以赤道带线为基准在球罐内侧对焊道进行定位焊。定位焊先焊纵缝，后焊环缝。定位焊长度为50mm以上，间距100mm为宜，定位焊焊肉高不得小于10mm。工卡具的焊接和定位焊按相同材质焊缝的焊接工艺规程进行，工卡具等临时焊缝焊接时，引弧和熄弧点均应在工卡具或焊缝上，严禁在非焊接位置引弧和熄弧。定位焊的引弧和熄弧都应在坡口内。

**（六）球罐组装后质量检查标准**

如表3，图4~图7所示。

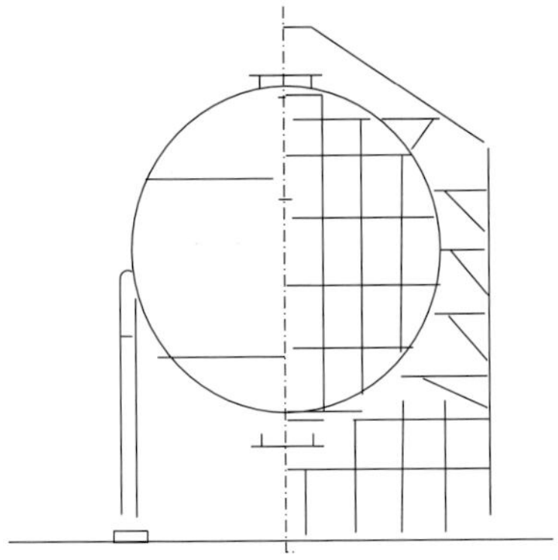

图3　操作脚手架示意图

球罐组装后质量检查　表3

| 序号 | 检查项目 | 检查内容 | 允许偏差/mm | 备注 |
|---|---|---|---|---|
| 1 | 球罐直径 | 实测最大直径与最小直径之差 | 47.1 | 以2000m³球罐为例，且实测最大直径与最小直径之差应不大于50mm |
| 2 | 支柱垂直度 | | 12 | 对称均匀拉紧拉杆，支柱找正后，在径向和周向两个方向做铅垂测量 |
| 3 | 对口间隙 | | 2±2 | 用焊接检验尺、钢直尺、弦长1000mm样板沿对接接头每500mm测量一点 |
| 4 | 错边量 | | 3 | |
| 5 | 棱角值（包括错边量） | | 7 | |

续表

| 序号 | 检查项目 | 检查内容 | 允许偏差/mm | 备注 |
|---|---|---|---|---|
| 6 | 赤道线水平误差 | 每块赤道带板 | 2 | 在每块赤道带板外侧的两端垂下带有重物的钢卷尺，在地面上利用水准仪测量赤道带的水平误差 |
| | | 相邻两块赤道带板 | 3 | |
| | | 任意两块赤道带板 | 6 | |

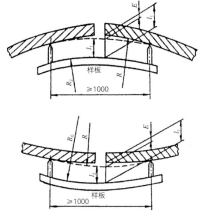

图4 球壳板组装时的棱角检查
（单位：mm）

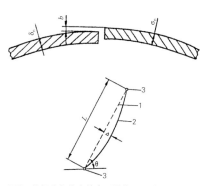

图5 拉杆中部挠度检查（单位：mm）
1—拉线；2—拉杆；3—销轴

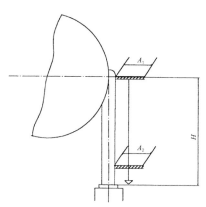

图6 支柱垂直度检查（单位：mm）

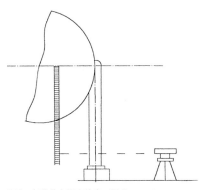

图7 赤道带水平度检查（单位：mm）

## 结语

此组装工艺是在原散装插片工艺法上进行改进，利用先搭外脚手架作组装平台提高组装施工过程的安全系数，而且能连续组装赤道带、上下极带，有效缩短了组装时间，也大大降低了人力及机具的投入（2000m³ 球罐两天即可组装完成1台）。球罐组装一次成型后再整体调整球罐组装尺寸，有效地控制了组装尺寸，利于球罐焊接。

# 浅谈地暖施工质量监理要点

夏来木

南京中南工程咨询有限责任公司

摘　要：监理工作主要体现在施工过程质量控制阶段。其中施工过程质量控制的重点是工序质量控制。本文简要论述在地暖施工准备阶段、施工阶段各工序中监理采取的有效控制措施。

关键词：地暖混凝土质量；监理；管控要点

## 一、施工准备阶段监理监控要点

### （一）审查"地暖施工专项方案"

施工方案审查应包括以下内容：①工程概况。②施工节点图、原始地面至面层的剖面图、伸缩缝的位置等。③主要材料、设备的性能技术指标、规格、型号等及保管存放措施。④施工工艺流程及各专业施工时间计划。⑤施工、安装质量控制措施及验收标准。包括：绝热层铺设，加热管安装，填充层、面层施工质量，水压试验，隐蔽前、后综合检查，环路、系统试运行调试，竣工验收等。⑥施工进度计划、劳动力计划。⑦安全、环保、节能技术措施等。

### （二）地暖施工样板

要求施工单位根据实施计划进行样板施工。并保留过程中照片和影像资料。样板制作完成后，由监理机构、施工单位共同对样板进行评估，内容包括使用材料效果如何，施工工序是否正确，隐蔽验收及表观质量是否合格，下道工序能否衔接，样板是否需要优化、修改、重做等。

### （三）交底

由监理机构组织向监理人员、施工单位管理人员进行施工质量管控交底，并留有记录。定人定岗定责实时监控；记录要记全作业时间、作业人员、作业面和作业结果；督促并见证施工单位管理人员向操作班组进行施工工艺操作标准交底和培训，并留有记录。

### （四）监理细则

在"地暖施工专项方案"审批后，地暖分项施工之前，监理机构应编制完成"地暖工程监理细则"，同时组织内部监理人员进行交底学习，并留有记录。

### （五）会签

在地暖分项施工前，监理部组织现场总包单位、各专业分包单位进行交接检查会签，并留有记录。会签条件必须具备以下内容：①地暖施工必须在室内初装修完（室内所有水、电管线安装完）、卫生间厨房墙砖施工完后进行，以保证地暖安装后，在地面上不再凿洞；②地面基层需机械凿毛处理，将地面上的砂石碎块、砂浆混凝土块、暴露的钢筋管头等杂物和渣子进行清理，并用清水冲洗干净；③对结构地面不平部位要进行处理，水平度控制在 ±0.5cm 之内，高出部位要进行打磨、低于部位要用水泥砂浆找平；④消防、空调等专业的吊筋孔眼必须打好（包括上下层楼面），室内吊顶必须把龙骨安装完成，避免吊顶时打眼而误撞地暖管；⑤为了保证地暖施工的环境温度（不低于5℃），应将门窗进行封闭处理。

（六）材料、设备验收

所有材料、设备均应按国家现行有关标准检验合格，有关强制性能要求应由国家认可的检测机构进行检测，并出具有效证明文件或检测报告。如加热管管材生产企业应向设计、安装和建设单位提交下列文件：①国家授权机构提供的有效期内的符合相关标准要求的检验报告；②产品合格证；③有特殊要求的管材，厂家应提供相应的说明书等。

## 二、施工阶段各工序监理监控要点

（一）首层苯板

一般按设计应较标准层加厚1~2cm，以利于首层达到设计的取暖温度。要求错缝排列铺设，相互间接合紧密，拼缝处采用塑料胶带将泡沫板黏结成整体。

（二）铝箔膜（辐射膜）

接缝处搭接宽度达到8cm。辐射膜的作用很大，因此在盘管及浇筑过程中应注意不要损坏，一旦损坏必须更换。

（三）敷设加热管（盘管）

加热管应按照设计图纸标定的管间距和走向敷设，加热管应保持平直，管间距的安装误差不应大于10mm。直端固定卡间距及弯曲段固定卡间距要符合设计要求。加热管敷设前，应对照施工图纸核查加热管造型、管径、壁厚，并应检查加热管外观质量，管内部不得有杂物。加热管安装间断或完毕时，敞口处应随时封堵。检查加热管弯曲状况时，不允许施工人员图方便强力弯曲，而最终导致管道受伤情况的出现。

（四）铺设钢丝网片

铺设的抗裂钢丝网片之间严格按设计要求进行搭接，接头处要采用扎丝绑扎，不能空开。若施工人员图省事或监控不严，很容易造成地面开裂。

（五）水压试验

水压试验是地暖中的重要环节，在规范中做了重点要求。规范要求：盘管隐蔽前必须做水压试验，试验压力为工作压力的1.5倍，大于等于0.6MPa，检验方法：稳压1h内压力下降不大于0.05MPa，且不渗不漏。

（六）豆石混凝土材料（填充层或设计用的细石混凝土）

豆石粒径不超过15mm，豆石指天然的、光滑的，大小如同绿豆、黄豆。细石一般是机械粉刷而成的，呈现不规则状。豆石混凝土的骨料没有尖锐的棱角，表面光滑，比较均匀，所以豆石混凝土密实度较高，防水较好，更适合管边填充。砂用粗砂，现场配比必须进行挂牌，每盘必须进行称重计量，坍落度要严格监控。

（七）标高控制

豆石混凝土浇筑必须确保豆石混凝土厚度，保证保温板上有4cm豆石混凝土，每个房间的墙面弹出水平控制线、地面每隔2m见方做灰饼。灰饼间隔不能太大，现场使用的找平直尺一般在2m。灰饼必须做到基层上。

（八）豆石混凝土施工

施工前必须搭设"跑跳"，"跑跳"材料上不得有铁钉等尖锐物，以防损伤地暖管，手推车严禁在管路上碾压。倒混凝土时不能直接倒在管道上，必须在踏板上倾倒，铲灰时铁锹不能接触管道，以防损坏管道，应严格按照图纸预留伸缩缝（缝宽不应小于5mm）。盘管穿过伸缩缝时，应设柔性套管。盘管中的压力不应小于0.6MPa，即"带压施工"，便于施工时发现问题及时返修。石材区域表面拉细毛，地板区域表面压光处理，同时对地暖系统设备应采取有效的保护措施，不得污染分配器及管道。防污物、杂物堵塞环路，影响使用效果。混凝土浇筑期间监理必须跟踪旁站。

（九）混凝土的养护

混凝土的养护必须到位，要封闭养护、专人养护，养护时间不得少于7d。养护期间通道口必须进行临时封堵，张贴公示，禁止人员进入。豆石混凝土浇筑完成24h后，及时浇水养护，养护必须做到位，前3天每日养护次数不少3次；养护时保证其表面无积水，以防止大量积水渗进地暖保温层内，水分长时间无法排出，导致后期精装修墙面贴完墙纸后，出现大量返潮发霉。

（十）地暖混凝土裂缝

地暖混凝土裂缝大大影响到观感和工程整体质量。地暖混凝土的下面是保温性能良好，但弹性很大的苯板、套圈间隔布置的水管以及光滑的辐射膜，豆石混凝土做在它们上面附着力很小，基层不实、不稳定，而且在有水管的位置混凝土厚度减半等这些问题都使混凝土的质量难以控制，最容易发生地面开裂。混凝土结构在硬化期间水泥放出水化热，内部温度不能上升，使混凝土表面和内部温差较大，而混凝土早期强度低，容易在接近混凝土表面范围内出现温度裂缝。施工时若出现地面分格条空开、漏设、振捣不密实，或骨料下沉、表层泛浆过多以及未及时抹压实，特别是初凝前的二次抹压不到位或压光时间在终凝后完成等情况，容易造成伸缩性裂缝。

# 浅谈城市地下综合管廊监理要点和新技术应用

李志晓　　王恒莹

河南创达建设工程管理有限公司

**摘　要：** 综合管廊是指设置于地面以下用于容纳两种及以上市政管线，设有专门的检修口、吊装口和监测系统，实施统一规划、设计、建设和管理的构筑物及其附属设施，是目前城市地下空间开发的重要形式之一。作为新兴工程，与房建、市政工程既有区别又有联系，兼有市政和房建特点的线性工程，其施工监理具有独特性。西宁市地下综合管廊是我国目前较为全面的综合管廊，可以说走在了全国前列，集结了所有的最新标准、最新规范、最新工艺和最新技术。

**关键词：** 综合管廊；新技术；监理；要点

## 一、管廊概述

### （一）综合管廊的概述

综合管廊是指设置于地面以下用于容纳两种及以上市政管线，设有专门的检修口、吊装口和监测系统，实施统一规划、设计、建设和管理的构筑物及其附属设施，是目前城市地下空间开发的重要形式之一。城市综合管廊，即在城市地下建造一个隧道空间，将电力、通信、燃气、供热、给排水等各种工程管线集于一体，是保障城市运行的重要基础设施和"生命线"。

地下综合管廊系统不仅解决城市交通拥堵问题，还极大方便了电力、通信、燃气、给排水等市政设施的维护和检修；避免由于敷设和维修地下管线频繁挖掘道路而对交通和居民出行造成影响和干扰，保持了路容完整和美观；降低了路面多次翻修的费用和工程管线的维修费用；保持了各类管线的耐久性，便于各种管线的敷设、增减、维修和日常管理。综合管廊内管线布置紧凑合理，有效利用了道路下的空间，节约了城市用地。由于减少了道路的杆柱及各种管线的检查井、室等，美化了城市的景观。架空管线一起入地，也减少架空线与绿化的矛盾。

### （二）综合管廊的特点

综合管廊作为一种集约化的市政基础设施，社会效益突出。一是有效改善了城市交通问题，解决了因管道事故引起的反复开挖路面和交通堵塞问题；二是提升了城市整体形象、美化了城市景观，减少了"空中蜘蛛网"和"地上马路拉链"的脏乱现象；三是有利于促进城市空间集约、高效化利用，缓解城市发展与土地资源紧缺之间的矛盾，提高土地利用效率和增加土地升值空间；四是减少了城市公共资源浪费，避免因城市道路反复开挖带来的各种经济损失以及环境污染和资源浪费；五是提升了管线安全水平和防灾抗灾功能，保障城市安全。作为有效解决城市建设矛盾的新模式，城市综合管廊建设备受重视。国务院高度重视推进城市地下综合管廊建设，2013年以来先后印发了《国务院关于加强城市基础设施建设的意见》《国务院办公厅关于加强城市地下管线建设管理的指导意见》，部署开展城市地下综合管廊建设试点工作。

## 二、项目施工监理要点

### （一）项目概况

综合管廊是新兴工程，和房建、市政工程既有区别又有联系，是兼有市政和房建特点的线性工程，主要功能是做电力电缆，电信，给水管，中水管，热力管，雨、污水箱涵，燃气管等管线地下综合布置，其施工监理具有独特性。作为地下工程，最重要的是保证不能出现不均匀沉降和渗漏水现象，不能影响管廊的正常使用功能。

以西宁市地下综合管廊为例。作为我国目前较为全面的管廊，它集结了所有的最新标准、最新规范、最新工艺和最新技术。该项目自2016年3月一期工程开工建设，一期总长43km，其中师大片区和西川片区共计7条管廊13.67km。师大片区管廊总长4.76km，其中高教路综合管廊长2.96km；泉湾路综合管廊长0.86km；学院综合管廊长0.94km。西川片区管廊总长8.91km，其中西城大街管廊长1.79km；四号路管廊长1.29km；五号路管廊长1.13km；五四西路管廊长4.7km。

管廊根据断面分为双舱和三舱，其中师大新校区综合管廊实施高教路为三舱，学院路为三舱，泉湾路为三舱，再加师大新校区监控中心，管廊平面全长约4.76km，呈F形，所有管线全部入廊，可全面解决师大新校区及周边地块市政管线需求。西川新城片区西城大街管廊为双舱、三舱，五四西路管廊为三舱，四号路管廊为三舱，五号路管廊为三舱，再加西川新城监控中心，管廊平面全长约8.91km。主线管廊呈"田"字形分布。管廊布置沟通2座330kV变电所及3座110kV变电所。结合区域管廊布置，实现西川新城高压入廊等问题。

（二）监理管控要点

由于管廊沿线村民通行便道不畅通、管线改移不到位、封闭狭小舱内施工难度大、高原极端天气影响多等问题制约着管廊项目整体推进。管廊属于线

形工程，它的作业点比较分散。为了提高工作效率，项目部、监理部对监理人员的负责区域进行了明确划分，保证每个点都有监理监督，同时利用网络建立日报制度，疑难问题共同解决，这样一来作业点分散导致的管理难题基本缓解。

管廊多采用明挖法、现浇法施工，利用支护结构支挡条件，在地表进行地下基坑开挖，在基坑内施工做内部结构的施工方法。具有简单、施工方便、工程造价低的特点，适用于新建城区的管网建设。从工程前期的施工组织设计、专项方案的审查和施工工序的组织，监理部都严格把关，编制关键工序的监理细则，主要包括土方开挖和回填、地基处理、防水防腐施工、混凝土工程等，并在施工过程中由总监进行监理交底，专业监理工程师严格按规范和设计要求把关，避免出现质量问题。

1. 地基处理

西宁市坐落在青藏高原，地质条件复杂，有湿陷性黄土、杂填土、砂石层等。为保证管廊主体不出现不均匀沉降，需对地质情况进行分析并按设计要求进行处理。湿陷性黄土是一种特殊性质的土，其土质较均匀、结构疏松、孔隙发育。在未受水浸湿时，一般强度较高，压缩性较小。当在一定压力下受水浸湿，土结构会迅速破坏，产生较大附加下沉，强度迅速降低。杂填土的厚度一般变化较大，在大多数情况下，这类土由于填料物质不一，其颗粒尺寸相差较为悬殊，颗粒之间的孔隙大小不一，因此往往都比较疏松，抗剪强度低，压缩性较高，一般还具有浸水湿陷性。师大片区管廊位于地面以下2.5m，部分地基是湿陷性黄土和杂填土，对管廊主体结构安全存在较大威胁。按设计要求需对湿陷

性黄土进行换填处理，杂填土挖除后换填。作为监理单位首先要加强土方开挖管理工作，控制开挖坡度和标高，保证基坑边坡安全且不得超挖，开挖到设计标高后及时组织有关单位进行验槽工作。由勘察、设计单位对地质情况进行判断，如无异常，施工单位尽快进行换填工作，减少基底暴露时间，避免日晒雨淋。按设计要求的参数换填完成后，还要根据地基验收规范做承载力试验，这是地基验收的重要依据，也是避免管廊不均匀沉降的有效措施，达到设计要求，出具合格证明后，才能进行下道工序施工。

西川片区管廊位于地面以下2.5m，地基多为砂石层，但砂石层不均匀，且地下水丰富对基坑开挖造成较大困难。砂石层中有较多超粒径砾石，人工清槽难度大，机械开挖容易扰动基底。现场采用大挖机开挖，小挖机配合人工清槽，具备条件及时组织有关单位进行验槽工作，并按设计要求进行承载力试验，保证满足设计要求，避免后续施工中出现质量安全隐患。

2. 防水施工

地下综合管廊采用C40，P6，F150抗渗抗冻混凝土，外侧贴铺一层4mm厚的SBS防水卷材，内侧喷涂1.2mm渗透结晶防水涂料，伸缩缝处采用橡胶止水带，施工缝用3x400钢板止水带，以上措施保证管廊不渗不漏，满足设计要求和使用功能。在监理过程中，主要从源头把关混凝土和卷材，对原材料严格控制，商品混凝土厂家选用西宁南联商混站并对原材料定期抽检，防水卷材选用国内一线品牌东方雨虹，施工前严格按规范要求进行取样，复试合格后方可施工。防水施工控制主要环节是混凝土施工、SBS防水卷材施工以及伸

缩缝橡胶止水带的处理。

1）混凝土施工

混凝土浇筑质量是保证综合管廊防水施工质量的关键因素，应对混凝土的搅拌、振捣等工艺进行有效控制。在混凝土浇筑之前对施工方案进行严格审查，并使其满足施工指导的基本要求。在浇筑过程中，应分层振捣、快插慢拔，保证振捣器的移动间距小于振捣器半径的 1.5 倍并且要求振捣时间不小于 15s，混凝土表面呈现浮浆，不出现气泡、不再沉落即符合要求。保证混凝土结构密实，不出现蜂窝、麻面、烂根、夹渣等质量缺陷，以确保混凝土达到预期的防水效果。

在混凝土浇筑完成之后，要注意做好覆盖保温保湿养护工作。混凝土表面保持湿润，养护周期不小于 14d，避免出现干缩裂缝和温度裂缝影响质量。

2）防水卷材施工控制重点

防水卷材进场后，按规范要求见证取样进行复试，复试合格后同意使用。工序施工前，要求施工单位根据已审批的专项施工方案按要求对操作人员进行安全技术交底，书面签认并存档。

防水层基面应打磨平整、清洁干燥，螺栓孔封堵密实，含水率满足规范要求，经监理验收合格签认后方可进行下道工序施工。要求冷底子油涂刷均匀，厚度满足规范要求，不得有漏刷、麻点、气泡、漏底等缺陷。在结构转角处应先铺贴附加层，阴角先做好圆角再做附加层，附加层宽度每边不小于 250mm。卷材应由下向上铺贴，卷材的搭接缝应顺水流方向，搭接缝的宽度符合规范要求，并黏结牢固不得有褶皱现象。防水卷材热熔满粘，卷材搭接缝及收头的卷材必须 100% 烘烤，粘贴时要有熔融沥青从边部挤出，沿边端封严。

3）伸缩缝的处理

西宁市地下综合管廊标准段为 25m 一道伸缩缝，伸缩缝处防水采用中埋式橡胶止水带，主要靠中间橡胶段在混凝土变形缝间被压缩或拉伸起到密封作用，进而起到防水效果。伸缩缝也是管廊漏水的最薄弱部位，做好伸缩缝的处理对管廊防水尤为重要。

橡胶止水带采用氯丁橡胶止水带，宽度 300mm，厚度 7mm。橡胶止水带 T 型接头、Y 型接头、十字接头应在加工厂加工成型。接头采用热胶叠接，接缝应平整牢固，不得有裂口脱胶现象。橡胶止水带严格按设计图纸的位置安装，卡在伸缩缝处的构造钢筋内，安装过程中严禁钢筋对橡胶止水带造成破坏，保证中部闭孔处于伸缩缝中间位置。在止水带安装及混凝土浇筑过程中，监理人员要严加关注、加强节点验收，发现问题必须处理合格后，方可进行下道工序施工。

中埋式橡胶止水带居中设置且延伸在两段管廊主体结构中，处于钢筋之间，伸缩缝处钢筋密集，而混凝土与橡胶止水带属于不同材料，相互间黏结力较差。在施工过程中，因橡胶止水带是弹性体，在混凝土接缝处变形时易产生松动造成渗漏水现象。一般竖向的橡胶止水带容易固定，混凝土浇筑影响较小，水平部分的橡胶止水带处混凝土浇筑质量是防水重点。为便于伸缩缝处施工质量控制，跳舱施工是最好的解决方案。

伸缩缝处的混凝土浇筑质量也是控制的关键工作。经过长期管廊施工总结，管廊施工主要采用泵送混凝土，在伸缩缝处壁板混凝土应分层浇筑加强振捣，时时观察橡胶止水带位置情况，保证橡胶止水带处于壁板中间位置。底板和顶板混凝土浇筑时，先进行橡胶止水带下

部混凝土浇筑，用振捣器在止水带下部振捣密实，使止水带向上产生 15° 左右的仰角。然后进行其他部位混凝土浇筑，严格按规范要求操作，保证混凝土浇筑质量。最后，加强止水带成品保护工作，避免破坏影响防水效果。

## 三、新技术在管廊施工中的应用

西宁市地下综合管廊属于线性市政工程，采用传统施工方法木模散拼、钢模整拼，施工进度缓慢、成型质量达不到清水混凝土的效果，周转材料水平运输量大，安全文明施工也不能保证。根据管廊施工现场实践，项目部研发了一种组装灵活、拆改方便、工序简单，集周转材料水平运输、模板支撑体系、混凝土浇筑平台于一体，且有可零可整特点的铝合金模板移动模架体系施工方法。

铝合金模板移动体系施工方法在工期、质量、成本、安全、环境保护等方面都取得了良好的效果，具有良好的社会效益和经济效益，铝合金模板周转 150 次以上，有较高的残值，是可再生使用的低耗环保、经济实用的绿色建材，大大降低了施工成本。作为监理单位，积极参与现场各种试验和计算，并与传统木模板进行工期质量安全性比较。根据 2016 年建设情况，每一公里管廊的平均施工周期为 5 个月，为缩短工期，采用铝合金滑移体系，相比传统施工工艺可节省 1/3 的工期。

移动模架体系上装有可移动的手动葫芦，铝合金模板装有 U 形吊环，通过手动葫芦与 U 形吊环连接实现移动模架体系与铝合金模板的组装连接。当整板铝合金模板拼装完成后，进行两侧铝合

金模板拼装工作。墙体两侧铝合金模板拼装采用三节式止水螺杆，通过钩头螺栓将背棱与铝合金模板进行连接加固。舱内壁板铝合金模板加固采用移动模架自有的支撑体系加固，壁板外侧铝合金模板采用两道钢管斜撑加固。

通过滑梁将整板铝合金模板相互分离，壁板铝合金模板随移动模架体系在动力系统的作用下向前平移，解决了铝合金模板的水平运输，节约了施工时间，投入人力物力少，工人劳动强度大大降低。根据铝合金模板实际应用情况，绘制模板编号，确定每块铝合金模板的位置，在日常管理和实际应用中严格按照模板的编号进行整理配模，提高劳动效率，并便于监理部工序验收工作，更易保证施工质量和进度。从实践中不断摸索、创新如下：

（一）率先启用铝合金模板，并将其成功运用到西宁地下现场管廊施工中。

铝合金模板是一种新型施工材料，具有重量轻、可周转、易操作等多重优点。经简单拼装即可轻松达到清水混凝土效果，是实现城市地下管廊"工厂式、流水化"施工的关键组成部分。

（二）综合利用遥感、地理信息系统和全球定位系统（3S）和建筑三维信息模型（BIM）一体化融合技术，实现了地下综合管廊和城市地下空间的精细化设计，并贯穿规划、设计、施工和运营全过程。

（三）积极推进铝模滑移动体系、叠合板工艺实现建筑工程装配式产业化的发展。利用这些新工艺、新技术，轻松实现雨污水组合，箱涵式入廊，燃气采用两种形式入廊的精妙设计。

（四）探索总结了湿陷性黄土换填和紧密桩施工，解决了湿陷性黄土地质结构稳定性极差，在其基础上建管廊产品质量很难保证的难题。

## 结语

西宁市综合管廊项目中八种管线全部入廊，利用西宁市的地势特点——西高东低、南北高中间低，雨、污水采用了组合箱涵的形式，利用道路自然的坡度入廊，也是全国首个将雨、污水纳入管廊的城市。同时，西宁市是全国海绵城市试点城市，地下综合管廊与海绵城市也进行了结合。

总结管廊施工经验，提高监理水平，最大限度地发挥管廊的社会效益。推动综合管廊建设，不仅可以逐步消除"马路拉链"和"空中蜘蛛网"等问题，也有利于更好地利用地下空间资源，提高城市综合承载能力，满足民生之需。更可以带动有效投资、增加公共产品供给，提升城市发展质量，打造经济发展新动力。

# BIM技术在综合管廊项目中监理应用要点浅析

崔闪闪　　杨洪斌

河南建达工程咨询有限公司

**摘　要**：地下综合管廊以其建设成本低、地下空间利用率高、保养维修操作简便、空间结构分割容易、管线敷设方便、系统稳定性和安全性高等多方面优势而成为当前新型城市市政基础设施建设现代化的重要标志之一。通过综合管廊建设达到对地下空间的合理开发利用，已成为当前城市建设和发展的趋势和潮流，但由于管廊设计标准高、施工体量大、过程控制难等特点，使得监理人员在综合管廊建设监理过程中有一定难度，而BIM技术的出现完美解决了这一难题。本文着重从设计、施工阶段介绍了监理人员如何利用BIM新型技术做好综合管廊建设的过程控制，从而减少设计变更及返工，促进综合管廊建设工程的顺利进行。

**关键词**：综合管廊；BIM技术；过程控制

## 一、工程概况

郑东新区白沙园区综合管廊（一期）工程第二标段（主要指锦绣路段），是郑州市郑东新区白沙组团地区干支结合型综合管廊，北起大吴路，南至中原大道，管廊施工总长度10.8km，其中主管廊7.74km，支线管廊3.06km。白沙综合管廊项目是国家地下综合管廊试点项目，也是郑州市目前8个地下综合管廊中规模最大、投资最多的一个重点项目，设计起点高，管廊内纳入给水、再生水、热力、天然气、电力、通信等各类管线。

综合管廊为三舱结构，分别为电力舱、综合舱及天然气舱，舱室净宽分别为2.7m、7.2m、1.9m。综合管廊采用现浇钢筋混凝土多跨箱型框架结构形式，

室外疏散口及风道等其他附属结构采用钢筋混凝框架结构形式，主线管廊与周边地块设计已预留上出线形式支线管廊接口（图1）。

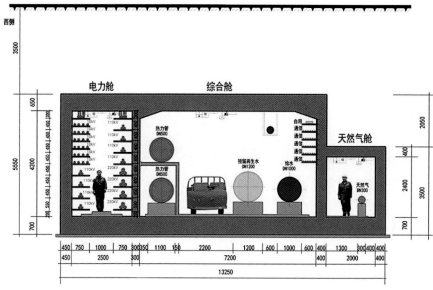

图1　锦绣路综合管廊分舱大样图

## 二、综合管廊建设特点

不同于一般的城市市政基础设施建设，城市综合管廊入廊管线种类复杂且

高度集中,其设计施工不仅要结合所在城市当下的需要运行,还要考虑到城市未来发展的需要,主管廊占线较长,且留有多处支管廊,周边环境施工复杂。在设计上,综合管廊的舱室设置有多种出入口,如主要出入口、逃生口、吊装口、进风口、排风口、管线分支口等,对施工过程的把控要求较高。总体来说,综合管廊建设主要有以下特点。

## (一)管线多样且集中

综合管廊工程是节约利用城市地下建设用地,统筹安排城市工程管线在综合管廊内敷设,将给水、再生水、热力、天然气、电力、通信等多种市政管线集中在一体的市政公用通道,该通道管线多样、功能丰富、可行性高、回报率高,避免了管廊之间、管廊和其他市政建设之间的影响,能够有效实现地下空间的综合利用和资源的共享。

## (二)建设区域周边交叉环境复杂

以郑东新区白沙园区综合管廊为例,管廊建设区域内,主管廊及支管廊的作业区域比较复杂,与锦绣路交叉道路共计29条,快速路及主干道路共计6条,与锦绣路相交叉的河道及明渠共计4处。其中与6条快速路及主干道路交叉区域的人流量、客流量均较大,与4条河道及干渠交叉区域均需下穿,除此之外,还要采取措施对交叉区域的其他已交付市政设施进行成品保护,施工难度较大。

## (三)管廊设施系统庞大

综合管廊设计包括管廊工艺、管廊结构、给水排水与消防、通风系统、供电与照明、监控与报警系统等,整体的管廊管线运行届时由控制中心集中控制协调,实现全管廊全管线的全智能化运行。

# 三、工程重点与难点

综合管廊的布局除了考虑到与城市空间结构、建设用地布局和道路网规划的适应性,还应确保在建设与拆除过程中的正常生产。这就需要对整体管廊做好规划布局,确保管廊总体设计、内部管线设计、附属设施设计、结构设计等一系列相关设计工作合理、经济、可行。

由于管廊管线种类多,人员交底要到位,以确保管线分门别类,安全设施齐全。施工单位在施工前,除了做好施工总体部署,制定合理的施工方案,选择合适的施工方法外,特别要注意施工过程中的热力管道,天然气管道,110kV及以上的电缆辐射,综合管廊内消防、通风、照明及排水等问题。

在对以上管廊工程的重点、难点进行监理时,监理人员借助BIM技术可以很好地实现对施工全过程的重要部位监理及监理人员的技术交底,其主要应用如下。

# 四、工程监理BIM应用技术要点

## (一)创建BIM模型

作为BIM技术的展示媒介,BIM模型区别于传统的CAD图纸,管廊模型的建立,主要是通过设计单位提供的二维图纸,以Revit为建模工具,构建涵盖主管廊及支管廊的三维模型,为实现BIM技术的监理应用奠定基础条件。它将管廊建设中的数据信息,通过BIM软件进行整合、集成以及分析,最终作用于项目本身,做好质量及进度控制。

通过BIM模型实时查看各工区段的全部工程建设信息,对任意部位进行剖切查看,使监理人员快速掌握主体的结构形式及其位置、尺寸和构件的详细信息。在施工开始之前实现各种信息融合,使项目的建造,运营过程中的沟通、讨论、决策都在可视化和信息一致性的状态下进行,提升沟通效率(图2)。

## (二)基于BIM模型实现图纸的深化理解

传统管廊二维设计图包含管廊平面图、剖面图,由于CAD软件绘制的图纸缺乏关联,图纸之间信息是各自孤立的,需要依靠人工来完成图纸之间的信息关联,出现图纸之间的错、漏、碰、撞就很难避免。结合综合管廊自身的特点,管线排迁、管线入廊及既有管线错综复杂的位置关系成为设计的难点,在设计过程中也会暴露出一些缺陷:

1. 地下管线资料的不齐全,造成管廊整体设计的错漏,修改极其繁琐,牵一发而动全身,影响整体工程进展。

2. 入廊管线种类众多且穿插频繁,调整管线位置时,易产生连锁反应,调整一处碰撞又会产生新的碰撞,而且这种错误很容易被忽略。

3. 即便设计人员思路清晰,复杂的二维图纸在工程汇报时也会带来困扰,业主无法快速理解设计人的本来意愿,造成沟通理解上的偏差。

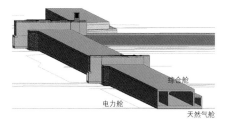

图2 综合管廊部分模型

监理人员通过创建 BIM 模型的过程，对整个图纸提前进行消化及深化理解，将发现二维图纸中的错、漏、碰、撞等设计问题及时反馈，真正做到设计无错、施工无虑、监理无忧，节省工期的同时，对工程整体质量的把控做到了事前控制。

（三）三维可视化下的重点部位过程控制

1. 管线洞口预留

由于技术条件和工作模式等方面的限制，以及管理人员的疏漏和交底不到位，现浇混凝土墙、板等的洞口存在很难实现预留或者预留位置不当以及预留数量不对的情况，往往需要后期等到管线安装施工时才能准确确定洞口的大小和位置，因此，只能采用后开洞口的方式实现管线的安装。后开洞口不仅会造成穿过洞口的钢筋被截断，产生安全隐患（对于预制构件隐患更大），且所需要的费用也高于 BIM 技术的实施费用，同时也造成材料、人工等的浪费，不符合国家绿色施工的发展方向。

BIM 技术的应用解决了管线及其他预留洞的问题，借助 BIM 技术，监理人员通过 BIM 模型，在施工之前就能够预先清楚地知道各种洞口的尺寸、位置和数量，避免施工过程中的各种开洞所产生的安全隐患，保障施工质量（图3、图4）。

2. 既有管线定位及其与主体的碰撞检查

地下既有管线错综复杂，定位困难，管线排迁及土方开挖难度大，在实际建造过程中可能产生错挖，导致施工停滞，工程进度受阻。借助 BIM 技术，通过对周边关系模拟，确定项目所急需的施工路段、地下既有管线排布情况及其与主体结构之间的相对位置关系，为施工企业制定既有管线排迁、土方开挖、桩体施工等方案提供技术依据。在三维可视化状态下，各管线相关产权单位共同协调沟通，项目信息全面、直观、准确，协调有理有据，监理单位据此做好进度和投资控制，避免后期扯皮现象的发生，提高项目施工效率。

3. 管线入廊方案模拟

由于本项目中入廊管线属于大口径管道，在安装过程中，监理人员通过 BIM 技术模拟管线入廊的安装过程，对施工方案的推敲，监理人员技术交底等都带来很大的便利。由于管廊空间狭小，预留足够的空间以便后续建造工作的开展成为重要的问题，而 BIM 技术的运用，可以很好地解决工作空间有限的问题，提高施工效率，对监理人员审核把控工程进度起到了很大的帮助。通过 BIM 模拟，直观、立体地展示了整体施工工序之间的衔接情况，从 4D 模拟中找出进度的关键点，解决了传统制定施工进度计划的纸质化和理想化。通过模拟成果，对进度及时纠偏，以便及

时采取控制措施，确保进度控制工期得以实现。

4. 辅助监理现场验收

监理单位对关键控制工序的过程及最终验收，在质量控制工作中所占比例较大，专业监理工程师辅助采用 BIM 技术，在建模过程中熟悉设计图纸，明确控制要点。在图纸会审与监理交底过程中，通过与施工技术人员沟通，更加直观地明确了验收要求，现场验收过程中，借助相应的平行检测仪器，对照经过审查的 BIM 模型，可以有效地辅助验收工作。对于存在较严重问题，则开具包含 BIM 内容的监理工程师通知单，督促整改，提高了监理人员的专业技术能力，有效减少了后期的沟通工作。如入廊管线安装验收，通过平面图纸，难以正确理解其安装构造，加之监理行业人员具有一定的流动性，在图纸的把握能力上有待提高，利用 BIM 工具，则能通过 BIM 模型对照验收节点是否安装正确，监理人员利用导入的模型，配合使用验收工具进行监理独立复核。

## 五、监理人员应用 BIM 技术的优势分析

（一）BIM 技术为监理方提供了更为直观的产品和服务，在监理过程中有助于监理人员的技术交底及过程质量控制，特别是通过对入廊管线的动画模拟及漫游，可以熟知各种入廊管线的施工流程、排布走向及管线分类，定位清晰明了，直观易懂。

（二）借助 BIM 技术，可以实现分段、分层的施工控制和造价控制，特别是在高造价的情况下，通过 BIM 技术的三维可视及信息整合，合理优化施工方

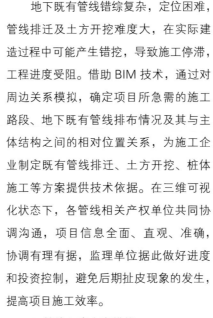

图3　综合管廊中板及顶板预留洞口平面图

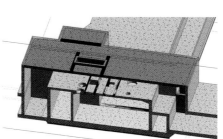

图4　综合管廊中板及顶板剖面图

案，更有利于资金的节约和统筹安排。

（三）在施工前，通过 BIM 创建的三维模型，提前预知施工难点和重点，要求施工单位对施工难点和重点提前做好预案，使得产品质量更有保证，防止施工过程中发生返工、复工现象，节约工期及造价。

（四）协助监理人员审核复杂的施工方案、施工组织设计、场区平面布置图等，对影响区域，通过模型合理调整布局，达到最优布置方案，减少交叉作业面，减少施工单位二次布置，提高监理人员的专业能力。

## 结语

本文针对综合管廊的施工特点及监理应用 BIM 技术的实际需求，对监理人员如何借助 BIM 技术实现对施工关键部位及工程重点、难点的过程控制进行了简要阐述，在上述工程监理工作中基于 BIM 技术的阶段性应用的探索，主要侧重于施工过程质量控制及协同沟通管理。BIM 技术对监理工作的各个方面都有很深的影响，通过创建 BIM 模型，可有效实现监理人员对综合管廊工程不同层次和不同局部的动态施工过程和施工状态的了解和控制，其在监理工作中应用，能够很好地帮助监理人员全方位了解工程建设，有效提升监理的效率和质量。因此监理人员要重视 BIM 技术，积极参与到 BIM 技术的学习和推广中，借此提升自己技术实力，同时实现公司业务的进一步高端化。

参考文献

[1] 葛清. BIM 第一维度：项目不同阶段的 BIM 应用 [M]. 北京：中国建筑工业出版社, 2013：6-7.
[2] 王彦. 基于 BIM 技术的建筑项目质量控制研究 [J]. 福建建筑, 2013 (12)：87-89.
[3] 李云贵, 何关培, 丘奎宁. 建筑工程施工 BIM 应用指南 [M]. 北京：中国建筑工业出版社, 2017.

# 竣工验收前的几个重要环节

## 李建民

山西神剑建设监理有限公司

**摘　要：**目前建设工程竣工验收过程仍存在着不细化、没条理的问题。笔者通过多年的工作实践，对建筑工程的竣工验收提出了几点意见，细化了竣工验收流程。各参建方要重视此项工作，才能最终确保房屋建筑工程竣工验收圆满完成，最大限度地保证建筑工程的质量。

**关键词：**房屋建筑；工程质量；竣工验收

随着建筑业的蓬勃发展，工程的最终竣工验收就显得尤为重要。工程的竣工验收，标志着已全部完成了施工合同和图纸的所有工程内容，并且已取得各方责任主体单位相关的质量验收报告，有关安全和功能抽检项目全部合格，工程资料基本齐全，工程观感质量评定合格，具备了工程竣工验收的条件。

竣工验收既是对工程质量的最终检验、对业主入住前的全面检查，又是考察各方责任主体单位是否履行对工程质量的承诺，确保每位业主安全使用的有力保障。首先施工方要自查工程质量合格，各项条件基本具备，向监理方书面提出工程竣工验收申请，由监理方组织对工程进行全面的分户验收，验收合格后再由监理方书面向建设方提出竣工验收报告，待工程在以下几个环节全部达到要求后，最终由建设方组织正式的竣工验收。下面仅以吕梁市工程竣工验收为例，分别叙述以下几个重要环节。

## 一、工程预验前重要的质量保证资料

（一）地基与基础分部工程中必须将桩基子分部包含在内，桩基工程桩检合格，同时要有地基处理记录和地基验槽记录，检验批、分项工程资料齐全，分部工程中的质量控制资料核查，安全和功能检验资料核查，观感质量核查全面，各方要有明确的验收结论且签章齐全。

（二）主体分部工程

1. 第三方沉降观测数据，仔细核对累计沉降量和沉降速率两个技术指标，检查整个主体工程观测周期和次数，并在竣工前必须完成一次观测，根据施工单位数据并结合第三方观测数据判定沉降是否均匀。

2. 建筑物垂直度、标高、全高测量记录数据必须满足规范要求；抽气（风道）、垃圾道检查记录（通常采用通球法进行检测），地下室（含外墙）、卫生间（逐个进行闭水试验）和屋面防水（通常采用淋水试验）效果检验试验记录要齐全。

（三）给水排水及供暖分部工程

①管道系统冲洗检验记录；②管道设备强度及严密性试验记录；③给水通水试验记录；④排水管道通球试验记录；⑤管道满水试验记录等。

（四）建筑电气分部工程

①电气照明通电试验记录；②电气器具及通电安全检查记录；③线路、插座、开关接地试验记录；④电气绝缘电阻测试记录；⑤避雷接地电阻测试记录等。

工程预验合格后要填写住宅工程质

量分户验收记录表，分户验收土建和安装部分必须分开，针对土建部分主要检查建筑的净高、房间的方正、门窗安装、墙地顶的平整等，安装着重从供暖、给水排水、电气、电梯和弱电入手，侧重于安全和功能性项目的检查，分户质量验收是对验收流程进行审核，对重点部位进行验收，可以及时发现问题并及时整改，是竣工验收的一个前提条件，并要将七方责任主体单位（建设单位、设计单位、勘察单位、监理单位、施工单位、图审单位、试验单位）质量终身承诺牌悬挂在建筑物的明显位置，它是对社会和业主做出的庄严承诺。

## 二、工程竣工验收前重要环节

（一）竣工规划验收

针对这一方面，必须有建设用地规划许可证、建筑工程施工许可证、建设工程规划许可证、建设工程竣工规划认可证、建设工程竣工测量成果报告书、竣工图、建筑面积实测报告等方面的内容。它是检查工程是否超规建设和居住面积是否缩水的一个重要凭证。

（二）节能分部工程验收

关于节能分部工程要对照验收规范提前划分分项工程（如墙体节能工程、门窗节能工程、屋面节能工程、地面节能工程、供暖节能工程、照明与配电节能工程等）。首先要满足建筑节能设计认定书的全部内容，其次所有的变更必须满足建筑节能设计变更单中的要求，然后必须有节能现场实体的检测报告（涂料外墙的节能实体检验项目有后置锚固件和保温板粘接拉拔试验等、围护结构传热系数或围护结构钻芯试验等；幕墙外

墙节能实体检验项目有后置锚固件拉拔试验，抗风压、气密性、水密性和平面变形四项试验等），同时外窗必须有进场常规试验和现场气密性试验等，最后完成节能分部工程的验收，取得备案证。节能分部工程主要资料包括：建筑节能专项验收备案表、节能工程专项验收报告、建筑节能设计审查备案表、外墙节能构造钻芯检验报告、外窗现场实体检测报告、系统节能性检测报告等，要采用专门的检验批表格，通常把该分部工程资料在节能办验收合格后单独装订成册。它关系到每一位业主的切身利益，故非常重要。

（三）消防工程验收

关于消防工程一般要经过两次验收，即消防大队的现场检查和消防支队的现场验收，必检项目有消控室、水泵房、水箱间、公共部分的疏散应急照明和监控防排烟系统、首层顶层及室外消火栓系统、防火卷帘门、现场试射试验等，并且要具备消防联动调试的条件，取得消防工程验收备案证明。消防工程资料在通过消防部门验收后也要单独装订成册［消防现场检查验收资料主要包括外墙、防火门窗、消防应急设备，所有材料设备厂家必须在公安消防信息平台上找到，尤其是防火门必须经消防部门复检合格，外墙保温材料燃烧等级（不低于B1级）必须满足图纸和规范要求］。在消防工程竣工验收前必须由建设单位委托有资质的第三方对消防设施进行检测，出具消防工程检测报告。在整个消防检测过程中，建设单位要组织消防施工单位重点协助和配合消防检测单位。

（四）人防工程验收

人防工程一般也要经历两个阶段验收，即人防工程结构实体验收和人防工

程的竣工验收，通常包括口部防护分部工程、建筑结构及装修分部工程、建筑电气及给水排水分部工程、通风分部工程等几项。人防工程完成验收前必须聘请有资质的第三方进行防护和防化设备现场检测，取得检测报告，人防工程资料经人防质监站验收通过装订成册，最后完成人防工程验收，取得备案证。人防工程监理人员必须持证上岗，在结构施工期间，人防质监站到场检查时，监理方必须提供人防监理工程师证件，同时要查看人防工程专项施工方案和人防工程监理实施细则，凡结构涉及人防部分，钢筋隐蔽前必须通知人防质监站到场验收；人防工程资料在结构施工期间就要准备，保留一套原件，在主体结构完成开始装修前（通常在地下结构回填完土方）邀请人防质监站对人防结构部分进行验收（主要核查混凝土实体质量和防护设备结构预留尺寸，主要包括查看混凝土是否有露筋、跑模、烂根等，要求提供该部分钢筋原材料进场复试报告、混凝土含抗渗强度报告、外墙渗漏检查记录等）；人防工程完成后监理方要组织各方进行检查，并在消防工程验收后及时邀请人防质监站进行初验，经过初验完成整改后进行最后的竣工验收。建设单位在竣工验收15个工作日前，向当地人民防空行政主管部门提交人防工程竣工验收申请表，并提交人防工程竣工验收申请表及符合竣工验收条件的相关资料。它是国家为确保战时来临保障人民群众生命安全的一道护身符，各方要从严验收，确保能正常投入使用。

（五）建筑物防雷验收

针对新建的工程，屋面防雷工程验收也是一个重要环节，它直接关系到每位住户的使用安全，故在竣工验收前必须聘请

当地行政部门对屋面的防雷系统工程进行全面验收,包括图纸设计、材料使用、安装质量、现场实测等,对接地部分、引下部分、接闪部分、电源部分和屏蔽部分进行全方位的检查,建设单位和施工单位必须确保防雷测试数据满足规范和图纸设计要求(总接地电阻值必须小于1Ω),取得建筑物防雷验收合格证。

(六)建设项目节水设施验收

对于新建的项目,节水设施的建设也至关重要,它是国家提倡绿色建筑的一个方面(绿色建筑是指在建筑的全寿命周期内,最大限度的节约资源,节能、节地、节水、节材、保护环境和减少污染,提供健康适用、高效使用,与自然和谐共生的建筑)。节水设施从设计、施工到竣工都要从严要求,必须请当地行政主管部门对该项设施进行验收,并取得建设项目节水设施竣工验收备案表。

(七)电梯工程验收

对于新建工程,电梯验收是消防验收的一个必备条件,建设单位组织监理单位、电梯施工单位首先完成自检,同时要实现五方对讲功能和消防紧急迫降等功能,然后由电梯施工单位报请当地的特种设备监督检验所对楼内的电梯工程进行验收,取得电梯监督检验报告,在电梯轿厢内张贴电梯使用标志牌。然后定期对电梯进行年检,确保能正常使用。

## 三、竣工验收后的有关环节

建设项目经竣工验收后,还有部分工作需要落实

(一)及时取得五方责任主体单位关于竣工验收的有关报告(建设单位编写的建设工程竣工验收报告、监理单位编写的建设工程质量评估报告、设计单位编写的建设工程设计文件质量检验报告、勘察单位编写的建设工程勘察文件质量检验报告和施工单位编写的建设工程竣工报告)。报告内容要翔实完善,紧扣工程实际,各方签章齐全。

(二)及时汇总整理地基与基础、主体分部工程验收程序监督记录表和单位工程验收程序监督记录表,该表是当地建设主管部门委托质量监督站对每次验收程序进行监督的重要文件,它侧重从验收程序、验收内容、竣工资料、工程质量等四个方面进行监督,记录要详细具体,内容完善,签章齐全。

(三)监理单位要及时编写监理工作总结,旨在通过监理工作总结报告说明监理委托合同已全面履行完毕,一方面把取得的工作效果向顾客做认真详细汇报,另一方面通过总结经验教训,为提高和指导今后的监理工作服务。该总结要从项目监理组织和设施、监理合同履行、监理工作内容和成效、经验和教训

等几方面详细全面地进行汇总,数据真实,内容全面,签章齐全。

(四)最后取得当地质量监督站编写的建设工程质量监督报告,完成建设工程的竣工验收备案。

竣工验收是建设工程的最后阶段,是建设项目施工阶段和保修阶段的中间过程,是全面检验建设项目是否符合设计要求和工程质量检验标准、审查投资使用是否合理的重要环节,是投资成果转入生产或使用的标志。只有经过竣工验收,建设项目才能实现由承包人管理向发包人管理的过渡,它标志着建设投资成果投入生产或使用,对促进建设项目及时投产或交付使用、发挥投资效果、总结建设经验有着重要的作用。

综上所述,每个单项或单位工程的竣工验收至关重要,缺少上面的任何环节都不行。所以作为一名监理人员,熟悉和掌握竣工验收前的专项验收就显得尤为重要。只有真正了解每一个环节,对竣工验收才能把握到位。

参考文献

[1] 建筑工程施工质量验收统一标准:GB 50300—2013[S]. 北京:中国建筑工业出版社, 2014.
[2] 建筑节能工程施工质量验收标准:GB 50411—2019[S]. 北京:中国建筑工业出版社, 2019.
[3] 建设工程监理规范:GB/T 50319—2013[S]. 北京:中国建筑工业出版社, 2014.
[4] 建筑工程绿色施工规范:GB/T 50905—2014[S]. 北京:中国建筑工业出版社, 2014.

# 建筑工地临时用电安全通病析谈

**惠明军**

北京赛瑞斯国际工程咨询有限公司

摘　要：本文结合行业标准《施工现场临时用电安全技术规范》JGJ 46—2005以及新出台的《建设工程施工现场供用电安全规范》GB 50194—2014，针对目前建筑工地上常见临时用电安全通病进行了剖析。

关键词：建筑工地；临时用电安全；通病

据有关统计，临时用电伤害位居建筑行业"五大伤害"之一。预防临电伤害已成为建筑工地安全生产管理的一项重要内容。本文主要针对触发建筑工地电气事故的施工现场临电安全隐患通病进行解析，以达到预控目的。

## 一、临电系统问题

（一）施工现场供电系统主要有三种情况：①采用专用变压器供电的电源中性点直接接地的220/380V三相四线制低压电力系统；②与外电线路共用同一供电系统；③采用电源中性点直接接地的三相四线制自备发电机组供电。施工现场具体采用哪一种供电系统要根据现场的实际情况来决定。

（二）按照行业规范，施工现场临时用电系统设计必须遵循三项技术原则：

①采用三级配电系统；②采用TN-S接零保护系统（当与外电线路采用同一供电系统时，应与外电保护系统一致，或者采取局部TN-S接零保护系统）；③采用二级漏电保护系统。

（三）在施工现场临电系统设计中遇到问题较多的是对TN接零保护系统与TT保护接地系统概念认识模糊、混淆不清，二者混用。例如，对于已经采用了TN-S保护系统的情况下，施工现场大量的用电设备还在采取逐个接地措施，导致同一工地TN系统与TT系统混用，不仅费工、费料、费时，而且会影响TN系统的正常功能，紧急情况下容易造成不良后果，对此，规范明确规定禁止。

## 二、有关重复接地问题

（一）在TN接零保护系统中，为了预防PE线（或者PEN线）断开或者接触不良引起的危险，进一步降低漏电设备对地电压，规范规定保护零线不仅必须在除总配电箱处做重复接地外，还必须在配电系统的中间处和末端处做重复接地。即重复接地是相对工作接地外针对保护导体PE线而言，所有的重复接地应由PE保护导体向下引。在实际工作中，经常发生对重复接地的误解现象，以为重复接地就是设备外壳再次通过导体进行直接接地，未真正领会重复接地的本质意义和作用。

（二）施工现场常见问题是重复接地不规范

1. 重复接地线直接压在电闸箱的外皮和接地导线直接埋入地下的错误做法。正确做法是重复接地线应接至PE汇流排端子上，下端应压在接地体上。

2. 接地体不合格。使用螺纹钢和铝

导体做垂直接地体。正确的垂直接地体材料应选用一定厚度的角钢、钢管、圆钢，不得选用容易腐蚀和机械强度差的铝导体和与土壤接触不紧密，稳定性差的螺纹钢。

3. 垂直接地体埋深不足。按照《电气装置安装工程 接地装置施工及验收规范》GB 50169—2006 规定，埋深应不低于 0.6m。

4. 接地线与接地体连接不规范。现场普遍存在将接地线缠绕在接地体上的错误做法。正确做法应选用焊接连接、螺栓连接或者压接方式，以保证电气接触良好。

5. 单根接地线问题。按照规范规定每一接地装置的接地线应采用至少 2 根导体，在不同点与接地体做电气连接，以提高可靠性和安全度。

6. 接地线标识不规范。按照规范应对重复接地线涂黄绿双色标或者用双色胶带。

## 三、有关三级配电和二级漏电保护问题

（一）按照行业规范规定，施工现场配电系统必须实行三级配电和二级漏电保护技术原则。每台用电设备必须配备专用开关箱，实行"四个一"：即"一机、一闸、一箱、一漏"。行标"四个一"规定符合《建设工程施工现场供用电安全规范》GB 50194—2014 中对于各个用电设备或者插座必须有独立的保护电器原则要求。

（二）常见问题

1. 违背"四个一"原则，一闸多机。此种情况在现场比较多见，随意在开关箱内挂接其他用电设备，违背每个用电设备或插座必须有单独的保护电器的原则。

2. 按行标规定，用电设备未设立专用开关箱，违规直接从分配电箱引线控制用电设备，这样容易导致用电设备若非正常情况下漏电，可能因为保护电器不会动作而导致人员意外触电事故发生。

3. 漏电保护电器选用及参数配置、安装不合理。按行业规范要求，只需要在配电系统的首端和末端闸箱处配备漏电保护装置，在实际中，各地实行"三级保护"制度，从经济性考虑没有必要，但符合"安全冗余"原则。在选用漏电保护器时，没有考虑现场特殊作业环境的要求，例如，在潮湿或有腐蚀介质场所的漏电保护器应选用防溅型、电磁式产品，额定动作电流不应大于 15mA，额定漏电动作时间不应大于 0.1s。漏电保护器的选用除要考虑作业环境因素外，而且要和设置漏电保护器的目的相一致。例如，一般在总配电箱处的漏电保护器是防止触电事故和电气火灾，应选用中灵敏度电器，额定漏电动作电流应大于 30mA，额定漏电动作时间大于 0.1s，但二者乘积不应大于 30mA·s；在开关箱处漏电保护器主要是防止触电电击事故，应选用高灵敏度的电器，额定漏电动作电流应小于 30mA，额定漏电动作时间不应大于 0.1s。在施工现场，前后两级漏电保护器参数选用经常混淆，容易引起漏电保护器频繁的误动作或者拒动作。最后，漏电保护器应装设在靠近负荷的一侧，其极数和线数应与负荷侧负荷的相数和线数一致。在实际中存在漏电保护器安装在靠近电源侧的错误接法，以及保护极数和线数与负荷侧负荷的相数和线数不一致的情形。

4. 电闸箱中的电器配置不规范。在安全技术措施方面，电闸箱内电器配置

应选择具有电源隔离、过载、短路以及漏电保护功能的电器。施工现场大多分配电箱和开关箱未设置具有可见分断点的电源隔离开关，普遍使用空气开关代替电源隔离开关，这样当电路检修、维修时不能准确判断电源分闸或者合闸状态。

5. 配电箱中总开关电器的额定值、动作整定值与分路开关电器的额定值、动作整定值不匹配。负荷计算不准确或者根本未进行负荷计算，电器装置设置不合理，容易诱发电器火灾等事故。

6. 开关箱中开关电器的额定值、动作整定值与其控制的用电设备的额定值、动作整定值不匹配。

## 四、关于保护接零系统

（一）TN 系统在配电网中性点接地时，将电气设备在故障情况下可能带电的金属外壳部分与配电网中性点通过保护零线进行紧密连接。其安全原理是当某相带电部分碰连设备外壳时，通过保护零线接地降低故障设备对地电压，同时也形成该相对零线的单相短路，瞬时短路电流触发线路上的短路保护元件动作，迅速分断故障设备电源。TN-S 系统是单独从工作接地线、配电室（总配电箱）电源侧零线或总漏电保护器电源侧零线引出保护零线，其后部分与工作零线分开，分别是保护零线（PE）和工作零线（N）。

（二）实际中，施工现场常见问题是 PE 线不到位和 PE 线连接不规范、接地电阻过大等。

1. 配电箱应设立 PE 排和 N 排端子板，标识明确，不能相互混淆，工作零和保护零应经过 PE 排和 N 排端子板配

出。现场存在问题：分路未通过 PE 线端子板引出保护零线，致使该分路以下部分 PE 线断开，用电安全起不到应有的保障。PE 线不进排，直接压在箱体螺栓上或者固定电器的螺栓上，而且是多根导线压在一起。

2. 电闸箱金属箱门接零保护不规范。施工现场经常出现虽然金属箱体通过 PE 线端子做了接零保护，但金属箱门和金属箱体未用编织软铜线做电气连接。

3. 用电设备金属外壳接零保护不到位。一方面用电设备电源进线缺保护接零线，另一方面，保护接零线未和用电设备金属外壳做电气连接。

4. 220V 照明电源插销缺接零保护触头。

5. 保护零线或地线应并联接地，严禁串联接地，现场存在串联现象。

6. 接电电阻过大。一方面接地装置不合格，另一方面受外界扰动影响，出现虚接等现象。

## 五、关于临电安全技术管理

（一）规范规定施工现场临时用电设备在 5 台及以上或者设备总容量在 50kW 以上者，应编制用电组织设计，否则应编制安全用电和电气防火措施。施工现场临时用电组织设计或者安全用电和电气防火措施必须正确履行"编制、审核、批准"程序。临电工程使用前必须履行验收手续，由施工安装单位和使用单位及相关部门共同组织验收，合格后方可投入使用。

（二）施工现场临时用电安全管理方面存在主要问题

1. 施工现场没有单独编制临时用电组织设计技术文件。临时用电组织设计是一个单独的专业技术文件，按规定应单独编制，但大多施工单位用招标投标阶段的施工组织设计中的临电部分文本来应付。

2. 临时用电组织设计或者安全用电和电气防火措施内部审批手续不符合要求。文件批准人多为项目经理或项目总工，不是规定的具有法人资格的企业技术负责人。

3. 临时用电组织设计内容不全，脱离实际，没有针对性，未按照规范要求结合实际进行编制。临时用电组织设计应在现场勘测的基础上，依据施工组织设计和现场临时用电实际进行编制，大多现场临时用电组织设计内容不全，有漏项，未绘制临时用电施工图纸等。

4. 临时用电组织设计或者安全用电和电气防火措施未按监理规范规定报验监理审批。

5. 临时用电工程使用前未正确履行验收手续。施工现场普遍存在的问题是临电工程没有履行验收手续就开始使用，存在管理缺陷隐患。正确做法应组织项目部安全部、技术部、设备部、上级批准部门、使用单位以及监理单位共同验收合格后，才允许使用。

6. 项目部未组织定期对接地电阻、绝缘电阻进行测试。接地电阻测定包括工作接地、防雷接地、重复接地等，应按规定定期组织进行，保证接地电阻在要求的范围内，这样当发生漏电时，能确保保护电器及时动作，进而保护人身安全。

## 结语

施工现场临时用电 TN-S 保护系统从安全技术措施方面基本达到了"本质安全"效果，但 TN-S 保护系统由工作接地、重复接地、保护导体、中性导体、保护电器等部分组成，若某部分出现故障或失效，则影响 TN-S 保护系统的整体功能。为预防和控制临电安全事故，必须从安全技术和安全管理、安全教育培训等方面采取措施，以安全技术措施为重点和落脚点，确保临电安全保护装置性能及参数处于有效状态，以安全教育和培训为手段，提高安全责任意识，加强现场安全监管和责任考核，控制人的不安全行为，才能抑制临电安全事故频发的势头，确保用电安全。

参考文献

[1] 施工现场临时用电安全技术规范：JGJ 46—2005[S]. 北京：中国建筑工业出版社，2005.
[2] 建设工程施工现场供用电安全规范：GB 50194—2014[S]. 北京：中国计划出版社，2014.

# 增压式真空预压施工工法探讨

## 曾燕飞　曾文东　黄海龙
浙江五洲工程项目管理有限公司

　　从目前软基处理的工艺而言，普通的插板技术处理结果已经很难满足现在建设用地及农业用地的需要，种种弊端逐渐体现出来，从浪费资源、破坏环境、承载力低、工后沉降大等方面都有所体现，所以目前衍生出了新型的增压式真空预压方法，本文就此方法展开分析讨论。

## 一、工法特点

### （一）降低成本，保护环境

采用手型接头直接连接排水板与真空管，不再使用粗砂、粉砂垫层，提高了真空传递效率，缩短真空传递路径，解决真空度沿程衰减问题，而且可减少成本，保护环境，符合国家可持续发展战略，实现低碳环保。

### （二）排水通畅，节省时间

新型防淤堵排水板，可有效防止排水板折断、淤堵等问题，保证排水通道畅通。对不同粒径的土颗粒采用不同孔径的滤膜，形成反滤层，减少井阻效应，达到最佳泥水分离的目标。

### （三）提高承载力，减少工后沉降

在土体中设置增压管，通过增压系统对软土进行侧向增压，使土体水分子在压力作用下向排水板流动，加快固结速率，在有限工期内提高地基强度，减少工后沉降。

### （四）安全节能

不倒翁集水井技术是利用集水井气液分离，机械真空传至集水井，由集水井分布10个口，每一出口连接真空主管，主管再分布到支管上，达到真空压力均匀分布的目标。自动控制安全性好，节电可达50%。

## 二、适用范围

（一）黏性土为主的软弱土加固。

（二）海洋、湖泊、河道的吹填及疏浚泥处理。

（三）污水处理厂产生的市政污泥处理。

## 三、工艺原理

（一）利用密封膜在土体表面形成密封罩，罩内的塑料排水板、真空管、增压管等连通成为一个密闭系统。

（二）抽真空使土体内部与排水通道之间形成压差，并使土体产生固结应力。

（三）在总应力不变的情况下，通过减小孔隙水压力来增加有效应力，土体中的孔隙水不断由排水通道排出，从而使土体固结。

（四）当抽真空无法进一步提高土体固结度时，通过增压管对土体施加水平向压力，使孔隙水向排水板移动，进一步提高土体的固结度。

## 四、设备与材料

### （一）材料

1.增压管选用有特殊微孔做成的过滤层，并且又能收缩的水平井微孔透水增压管。其能匀速分布压力，使土体水分子在压力作用下定向移动。另外，增压管由刚性弹簧支撑，可适应过大沉降造成的竖向变形。

2.防淤堵塑料排水板由滤膜和芯板通过特殊工艺熔合成一体，这种特殊结构，使其具有整体性好、抗拉强度大、通水量大的特点。该塑料排水板的滤膜可根据黏土颗粒度设计孔径的大小，达到最好的排水及防淤堵效果。

3. 编织土工布质量 150g/m²，纵向断裂强力不小于 18kN/m，横向断裂强力不小于 16kN/m，断裂伸长率：纵向不大于 25%，横向不大于 25%，CBR 顶破强力不小于 300N。无纺土工布质量 200g/m²，厚度不小于 1.7mm，断裂强力不小于 4.5kN/m，断裂伸长率 25% ~ 100%，CBR 顶破强力不小于 0.9kN，撕破强力不小于 0.16kN。编织土工布及无纺土工布每 30000m² 作为一个批次进行检验，检查产品合格证，对其渗透系数、抗拉强度顶破强度等性能进行试验。

4. 密封膜厚度 0.12 ~ 0.14mm，纵向最小抗拉强度 18.5MPa，横向最小抗拉强度 16.5MPa，最小断裂伸长率 220%，最小直角撕裂强度 40kN/m。

（二）设备

主要施工设备表见表 1。

## 五、安全措施

（一）根据国家、行业有关安全生产标准、规定、条例，结合工程具体情况，建立健全安全生产管理网络，明确各岗位安全生产职责，落实安全生产责任制。

（二）施工电缆必须实行"三相五线"制。所有用电设备必须安装防漏电保护器，所有的配电箱、闸刀箱必须使用符合规定要求的闸箱。进出闸箱的电源线必须固定牢，并用橡胶护套保护。

（三）固定电源线应尽量架空，无法架空时，必须采用防水橡胶电缆，拖地电缆必须符合耐压要求，严禁使用已老化的旧电缆或不合格的产品，所有的电缆接头必须有严格的防漏电措施，并用木杆将接头竖起架离地面。

（四）真空泵开关箱采用铁板或玻璃钢材料制作，配电板采用电木板或塑料板。开关箱做到防水、防火，箱体有接零保护，有门、有锁，箱内无杂物，内设工作零线接线板和保护零线接线板，两板不能混用。引入、引出线缆走预留口。

（五）在进行塑料排水板施工时，打桩架上需做防雷设施。防雷的接地电阻小于 10Ω。避雷针的长度为 1.2m。

（六）插板机的安装、拆卸必须有专人指挥，登高作业的人员必须具有足够的自我保护能力和防护措施。

（七）插板机、卷扬机钢丝绳必须经常检查，及时更换。振动锤的所有紧固件必须有防振自锁装置，并要经常检查、紧固。

（八）插板作业必须专人指挥，特别是穿桩靴的人员必须动作协调，严防人身伤害。

（九）夜间施工的作业场所、主要通道、蓄水池等布置足够的照明，重要部位有明显告示，确保安全。

（十）铺设施工垫层时相关施工人员需要穿着救生衣，并系安全绳。

## 六、效益分析

（一）采用免砂垫层技术避免了开采砂石对生态环境造成的破坏，取消黑砂垫层可减少雾霾及改善海洋环境。

（二）与传统的真空预压技术相比，增压式真空预压技术一次处理后地基承载力达到 80~120kPa 以上，工后长期沉降小于 20cm，避免了地基进行二次处理产生的附加成本，降低了工程投资。

（三）与传统真空预压处理成本相比，不倒翁集水井真空集成系统处理地基效率高、安全可靠、节能环保。

## 总结

经过新工法与传统工艺的施工比较，本工法具有缩短工期、降低成本、保护环境、安全节能等优势，而且处理后的地基承载力较传统真空预压处理工艺提高显著，有效减少了工后沉降和差异沉降，而且方便过程管理，由传统的多台真空射流泵共同运作统一为一台集中管理，大大提高了现场管理人员的工作效率，避免了大部分因管理因素引起的一系列问题。

主要施工设备表 　　　　表1

| 序号 | 设备名称 | 型号规格 | 数量 |
|------|----------|----------|------|
| 1 | 水环式真空泵 | 2BE1 253 | 根据处理量确定 |
| 2 | 增压泵 | 3kW以上 | 根据处理量确定 |
| 3 | 挖掘机 | PC200 | 1台 |
| 4 | 插板机 | ZTG30-25 | 1~20台 |
| 5 | 自卸汽车 | 斯太尔 | 1台 |
| 6 | 汽车吊 | 16t | 1台 |
| 7 | 小型机动翻斗车 | — | 1台 |
| 8 | 手推车 | — | 2~4辆 |

# 地铁管线迁改顶管施工监理控制要点

### 黄程龙

浙江江南工程管理股份有限公司

**摘　要**：通过对地铁项目前期管线迁改的过程控制，明确监理工作着力点，笔者结合相关理论、所监项目专项施工方案及工程实践案例等，对顶管施工监理工作进行总结，为后期相关施工监理提供参考。

**关键词**：管线迁改；沉井；顶管；监测

## 一、顶管施工简介

根据施工部署及惯例，在建筑红线及原始坐标点移交后，便开始进行绿化移植、地下管线排查及迁改、交通疏解道路修筑、车站围护结构施工、主体结构开挖及施工、区间盾构掘进及管片安装、车站附属施工等。

（一）地铁项目管线迁改意义

由于既有市政道路地下各类管线布设错综复杂、涉及产权单位众多，同时因施工既不能影响周围居民对水、电、热、通信等日常需求，更不能影响军用国防光缆、铁路信号线路正常运行，因此在地下工程施作前，有必要探明作业面底部的各类管线，采取迁移、废除、新建、悬吊等措施，确保地铁施工的同时不影响既有线路畅通。

本项目业主委托设计单位对拟建项目范围内各类管线迁改方案予以明确，迁改范围涵盖燃气、电力、雨污水、移动、联通、电信、交通信号等类型。由于设计图纸与管线实际走向存在一定程度不可避免的偏差，在施工承包单位进场后，在业主、监理单位组织下邀请地铁沿线管线产权单位对施工范围地下管线进行排查确认，针对管线迁改设计图纸缺项的情况，寻求产权单位的技术支持及意见，确保土建施工前期准备工作稳妥。

（二）沉井

沉井是井筒状的结构物，它是以井内挖土，依靠自身重力克服井壁摩阻力后下沉到设计标高，然后经过混凝土封底并填塞井孔，使其成为桥梁墩台或其他结构物的基础。沉井是顶管施工的前奏，为顶管施工提供工作基础，工作井（始发井、接收井）可视为顶管施工的"坚强后盾"。

（三）顶管

顶管以沉井作为工作井，用高压液压千斤顶，将水泥或者钢制管道侧向顶入土中，再从管道内运出挖掘下来的泥土、砂石等。笔者认为其原理类似于钢护筒护壁的钻孔灌注桩施工工艺。

## 二、所监项目概况

（一）项目介绍

笔者在监项目为合肥市轨道交通3号线土建监理JL02标，工程范围是3号线始发站方兴大道，途经紫云路站、锦绣大道站、丹霞路站、繁华大道站及相应区间、翡翠湖停车场出入线。

1. 根据设计要求，结合现场实际情况，评估施工难度及权衡成本之后，由中铁隧道局集团承建的合肥轨道3号线土建02标项目经理部对翡翠湖停车场出入段线一期污水、紫云路站二期污水工程进行顶管施工。

2. 出入段线主要为翡翠路东侧，约162.1m，管径均为DN800F型钢承口管。紫云路站顶管施工主要位于翡翠路与紫云路交叉口东侧，约276.5m，管径分DN800和DN1000两种规格。出入场线顶管工程平面位置见图1。

（二）地质条件

根据设计文件提供地质资料，本工程工作井及顶管施工范围内的岩土层主要为2个单元层和若干个亚层，各岩土层工程特征自上而下分述如下：

1. 人工填土层（$Q_4^{ml}$）

素填土（0）2层：杂色、松散、潮湿、饱和，主要由黏性土与碎石组成，表层为混凝土或沥青路面。

2. 第四系上更新统冲积层（$Q_3^{al}$）：

粉质黏土（2）1层：夹粉质黏土，黄褐色，可塑，夹少量铁锰结核氧化物及灰白色高岭土。切面稍光滑，稍有光泽，干强度及韧性中等，无摇振反应。

黏土（2）2层：灰黄色到黄褐色，硬塑，夹有少量铁锰结核及灰白色的高岭土，底部富集铁锰结核，黏土层具中等膨胀潜势。切面光滑，有光泽，干强度及韧性高，无摇振反应。

出入场线及紫云路站顶管施工地质纵断面见图2。

拟建工程区内地下水主要为第四系孔隙水。根据钻探揭露显示，测得地下水位埋深1.5~2.9m，含水微弱，主要赋存在黏性土的裂隙中，水量较乏，单井涌水量一般小于10m³/d，水质多为$HCO_3 - Ca \cdot Mg$型，主要接受大气降水、灌溉水、生活废水、雨水、污水等地下管线漏水垂直渗漏补给。排泄方式为蒸发、向下补给潜水和人工抽降地下

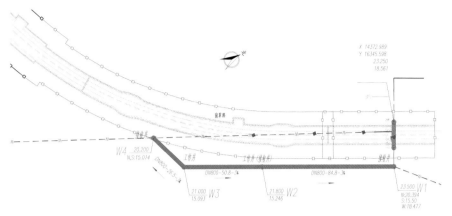

图1 出入场线顶管工程平面位置图

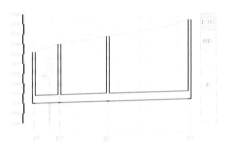

图2 顶管施工地质纵断面示意图

水。水位受季节及气候等影响，潜水位年动态变幅一般在1～3m。

本工程顶管埋深约5.2～10.9m，由于钢筋混凝土管节为抗渗混凝土，本身具有自防水能力，管节间也采取防水材料封堵，工作面积水大部分为开挖掌子面土层渗水以及管节内壁清洗用水，加之顶进轴线均处于上坡段，根据现场情况采用管节内人工配合水泵抽排、工作井集水明排方式降水，确保工作面安全稳定。

# 三、施工方案

根据地质勘查报告及管线迁改设计图纸，施工单位结合相关国家法律法规、规范章程等编制项目顶管施工专项方案。对此进行简要介绍。

（一）专项施工方案简介

1. 由于工作井设计为圆形混凝土现浇结构，但施工区域附近建构筑物密度较大，地势起伏复杂。受周边环境条件限制（施工场地占有交通要道，沉井施工所需机械、设备占地范围广，耗时长且施工场地土质强度高），部分工作井周边不具备沉井施工条件，施工单位建议工作井、接收井采用砖砌倒挂井壁法施工。沉井与倒挂井壁法特点对比见表1。

监理实地考察后，考虑到建设单位工期要求以及合肥地区黏土地层稳定的特点，同时为避免长期占有交通线路及

沉井与倒挂井壁法特点 表1

| 对比项目 | 沉井法 | 倒挂井壁法 |
| --- | --- | --- |
| 工期 | 工期较长 | 工期较短 |
| 质量 | 工艺质量较好 | 工艺质量一般 |
| 投资 | 投资额较大 | 投资额较小 |
| 施工难易程度 | 施工技术要求及精度高，具体施作难 | 施工简易 |
| 优点 | 较强的竖向及水平承载力，可构成基础的一部分，抗渗性高，对周边结构物影响小 | 造价低、施工简易、工期短、井壁材料易获取 |
| 缺点 | 造价高、工期长、砂状土质易偏位 | 边开挖边支撑，工序反复；井壁防水效果较差 |

绿化区域，故拟同意施工单位工作井坑壁支护采用倒挂井壁方式施工，井底设排水沟、集水坑明排降水的方案。

2. 工作井、接收井内径均为5m，砖砌井壁厚度370mm，砂浆为M10。砌筑时每米深度设置一道2Φ8通长钢筋，以提高砖砌体的整体性，增加其抵抗侧压力的能力。井壁每2m设置一道370mm×200mm钢筋混凝土圈梁。井底垫层采用C20混凝土，始发工作井垫层厚度为1000mm厚，接收工作井封底厚度为500mm。井口上方设置200mm高挡水墙，防止雨水倒灌。井内做护壁时，预留顶管出洞、进洞位置，防止护壁阻挡顶管进出洞。

3. 顶管施工采用泥水平衡顶管机。工艺流程为：基坑中心线测量放样——安装顶机架与主顶装置——安装顶铁，吊下一节管节——管节顶进——顶完第一节管，吊下一节管——管节拼装——顶力接近许用力——同上继续再顶——出洞，顶管机与管节分离（图3）。

4. 顶进工作中要注意以下事项

1）及时注意油泵压力表变化。

2）要连续顶进，不能长时间停顿。

3）千斤顶要着力均匀。

4）控制顶进速度，以防顶进中发生偏差。

5）顶进一般为3cm/min，最大不超过5cm/min。

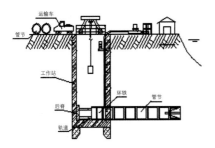

图3 顶管施工示意图

（二）专家论证意见

1. 方案应按设计要求改为机械顶管、出土。

2. 方案需补充地基承载力计算。

3. 补充新老管道连接的截流、导流措施。

4. 补充沉井纠偏措施。

5. 细化周边环境及顶管变形监测方案。

## 四、施工重难点及监理控制方法

（一）方案审查

由于专项施工方案的编制人员专业技术水平参差不齐，不排除施工单位直接复制网络上类似的专项方案，那么监理机构审查方案前务必认真研究地质勘查报告及设计图纸，明确顶管施工所处的地层、环境特征、拟用的施工工艺及机械设备。在此基础上详细审查专项施工方案及专家论证意见。监理方不能单纯地认为专项方案必定经过专家论证，而不履行审查的义务。

（二）测量复核

不同于横平竖直的房屋建筑放样，曲折多变、坡度多样的顶管线路对测量放线的精确度要求严格。监理方应该配备专业测量师，不仅对施工单位放线测量进行审查，在此基础上进行独立测量复核，即平行检验；而且要会同业主委托的第三方测量单位进行测量复核，以确保测量程序合规性、测量结果精确性。

（三）顶进过程

在顶管机械设备安装调试完毕后，监理方需见证施工单位试顶进过程，密切关注泥浆相对密度、顶管机械顶进速度、油缸液压、周边土体变形、气体检测、涌

水涌沙、顶进姿态等。正常顶进过程中，除做好以上方面检查外，还需对管节间隙密封性、整体性进行检查，根据测量规范要求对顶进线路进行复核。临近接收井时，密切关注接收井壁土体稳定性，降低顶进速度，确保姿态。

（四）应急准备

顶管作为地下暗挖的一种工艺，环境风险占据较大比重。在施工过程中，监理方务必定期检查现场应急组织、物资等准备情况。在极端恶劣气候、周边建筑物出现变形、上部荷载突然增大等事故发生萌芽阶段，加强控制。

可以参照表2开展旁站监理工作。

## 五、工程监测及安全管理

监测是对顶管沿线地面及重要建筑物进行沉降或者位移测量，工作井施工及顶管顶进期间对工作井周边沉降进行布点监测，井身每隔3m布置一组收敛点（沿井壁平面均匀布设4个点位），每组收敛数值为该4点数值的平均值，反映工作井各水平断面变形程度；正式顶进之前，在顶进轴线上每隔10m设置一个沉降观测点，另外在可能会受到破坏的地面构筑物也设置若干沉降观测点，定期进行水准测量观测，一般每天测量两次，特殊情况下应增加测量次数。通过地面沉降观测数据跟踪分析，确定对建筑物的影响程度，然后采取相应保护措施。地面沉降观测点应下套管穿过路面层，测量路基下的土层变化。

（一）工程监测

监测周期随施工进展分三个阶段，即前期在施工开始前进行建（构）筑物调查、测点布设及初测等获取原始数据阶段；施工中全面监测、采集数据阶段；

| 旁站监理表 | | 表2 |
|---|---|---|
| 日期及气候：　　年 月 日， | | 工程地点： |
| 旁站监理的部位或工序： | | |
| 旁站监理开始时间： | | 旁站监理结束时间： |
| 监理情况：<br>1.施工组织设计方案□是 □否审批，审批时间：<br>2.管道用途：□污水管道 □饮用水管道 □供气管道 □通信线缆管道 □高压供电电缆管道<br>3.顶管参数：内径＿＿＿＿＿＿mm，外径＿＿＿＿＿＿mm，管顶高程＿＿＿＿＿＿m，地面高程＿＿＿＿＿m，顶管总长度＿＿＿＿＿＿m，工作井数量＿＿＿＿＿＿个，接收井数量＿＿＿＿＿个，顶管覆盖厚度＿＿＿＿＿m，地层特性＿＿＿＿＿<br>4.设备、材料验收：阀门、配件□有、□无合格证，□有、□无检测报告，□有、□无见证取样<br>5.操作人员□是、否持证上岗<br>6.清障、测量：周边、地下障碍物□是、□否清理，轴线、高程□是、□否复核<br>7.顶管方法：□机械顶管 □人工顶管<br>8.顶管机及设备：□手掘式 □挤压式 □网格式（水冲） □斗铲式 □多刀盘土压平衡式 □刀盘全断面切削土压平衡式 □加泥式机械土压平衡式 □泥水平衡式 □混合式 □挤密式；导轨、千斤顶、承压环□是、□否满足顶管要求<br>9.管道结构：□钢筋混凝土管道 □钢管道 □玻璃钢管道 □铸铁管道 □塑料管　每节管道长度＿＿＿＿<br>10.管材及管道接头质量：（1）生产号码、生产日期、测试标记、强度、检测合格标记、端部垂直、长度平直、表面凹凸度偏差尺寸□是、□否符合标准；（2）端部平整、垂直、有良好的抗偏斜及密封性，密封材料偏差尺寸□是、□否符合标准<br>11.管道接头形式：□平口式 □企口式 □双插口式 □钢承口式<br>12.工作井：工作井长、宽、深尺寸□是、□否合适，□有、□无施工抽排水设施，□有、□无地下水，□单、□双向工作井，工作井结构材料及形式：＿＿＿＿＿<br>13.后座墙：后座墙安全牢固，其最低强度□能、□否保证在设计顶进力的作用下不被破坏<br>14.接收井：接收井□能、□否满足要求，结构材料、尺寸、形式：＿＿＿＿＿<br>15.顶管机安装调试：□有、□无调试，□是、□否顶进正常；垂直吊装和运输设备：＿＿＿＿＿<br>16.测量监控：＿＿＿＿＿；地面建筑及道路状况：＿＿＿＿＿<br>17.弃土输送方式：□人工出土 □机械出土 | | |
| 发现问题： | | |
| 处理意见： | | |
| 备注： | | |
| 监理单位：＿＿＿＿＿<br>项目监理机构：＿＿＿＿＿<br>旁站监理人员（签字）：＿＿＿＿＿<br>　　　　　　　　　　　　　　　　＿＿＿＿年＿＿＿月＿＿＿日 | | |

后期确定各监测对象稳定阶段，随着施工的全面完成，通过施工监测确认周边环境及结构已处于安全稳定状态（图4）。

（二）安全管理

作为地下暗挖方式之一，顶管施工除了对周边建构筑物造成一定影响外，其施工过程安全务必引起各参建方高度重视。笔者在之前的学术论文中认为，危险源可以按人不安全行为、物不安全状态、环境不安全因素及管理缺陷进行归纳。顶管施工过程中，监理机构在审查施工单位上报的安全施工方案外，需编制安全监理实施细则，并从技术角度识别危险源并予以规避。

在识别危险源方面，按以下方法进行归类。

1. 人不安全行为：安全防护及劳动保护用品配备不到位、佩戴不正确；无证操作起重卷扬机械；凭经验野蛮施工；在发现危险时仍盲目抢工等。

2. 物不安全状态：施工使用的设备、机具无产品合格证、检测合格证。起重卷扬设备无限位保险装置或安全装置失效、钢丝绳断丝断股；施工用电设备无接地保护、顶进设备工况差、管片表面出现刻痕、凹凸不平等。

3. 环境不安全因素：顶管上部附近瞬时出现围护结构极限荷载；工作井底或侧壁出现管涌、流沙、变形；管片内壁出现凸起、变形或管片接缝出现泥浆、砂砾；顶进过程中出现不可预测的漂石阻碍等。

4. 管理缺陷：安全管理出现盲区、一味追求进度忽视安全、管理人员检查不到位、临边洞口防护不到位；日常监测未按设计或方案组织等。

笔者认为作为监理方，在顶管施工过程中务必根据施工方案和监理细则进行管理。安全无小事，对于存在安全隐患的施工作业应签发监理指令（巡查记录、监理通知单及停工令），同时在施工过程中落实旁站制度，如实填写旁站记录。

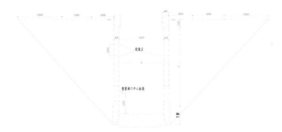

图4　顶管施工示意图

# 超高层项目监理工作实践与思考

陈慧杰

郑州中兴工程监理有限公司

摘　要：超高层建筑有着高度超高、规模庞大、功能繁多、系统复杂、建设标准高、施工难度大等特点。本文结合超高层项目监理过程中的工作实践，针对工程的重点、难点以及质量控制、安全管理等工作中采取的有效工作方法、手段、措施等，进行了详细的阐述和分析总结。

关键词：超高层监理；监理工作方法；手段；措施；经验总结；交流

## 前言

结合公司监理的超高层项目，针对项目监理机构的组建、工作开展，过程中运用的工作方法、手段及措施，全过程进行阐述，并借此机会进行交流。

## 一、工程项目概况

某超高层建筑总高度为211.75m，地下3层，地上52层，建筑总面积约11.45万 m²。在使用功能上，1~4层为商业层，5~50层为写字办公楼，51~52层为设备层，顶部设有直升机停机坪，地下1~2层为车库，地下3层为人防层。

## 二、项目监理机构建设及内业管理

（一）优质项目监理团队的组建、管

理制度的制定是开展监理工作的前提和基础

根据监理目标，考虑工程性质、规模、施工条件和工程结构特点、施工标段和分包情况，项目监理机构以优秀总监为核心，配备专业技术、现场经验丰富的专业监理，在年龄梯段上做到了老中青相结合。另外监理单位根据现场实际管理情况在工作设备和生活条件上进行一定投入，进而促进现场监理工作的规范化实施。

各项管理制度（包括材料验收制度、方案审批制度、监理旁站制度、监理验收制度、见证取样制度、会议制度、考勤制度等）的确定实施，保证了监理机构内部工作的正常运行，使工作运行井然有序。

（二）廉洁意识、工作责任心是监理机构工作良性运转的保证

有了工作责任心，每位员工就能积

极主动地去完成各项工作；有了廉洁自律意识，就可以最大程度规避各种社会不良风气的侵蚀，做到自身"行得正、立得直"，确保监理机构工作的良性运转。

监理部要求每位员工必须树立工作责任心和培养个人廉洁意识：（1）加强工作责任感，要靠自身主观能动性去完成各项自身工作；（2）不断地强化廉洁自律意识，多多自我提醒，常常自我警示，要求监理部每一位员工必须杜绝任何"吃、拿、卡、要"现象，规避各种不良风气的侵蚀，不允许出现任何违规事件，一旦产生不利影响，必须立即严肃处理；（3）截至工程结束，没有出现任何因为个人问题而受到建设单位投诉的情况，维护了团队乃至公司的形象。

（三）加强团队协作，促进项目监理机构工作的优质、高效

1.在实际工作中，监理机构要求相互之间进行配合，形成齐抓共管、相互

促进的工作氛围。

2. 工作之余定期组织一些有益的群体活动，通过这些活动，加强了内部团结，提高了团队凝聚力。

3. 尊重老同志，呵护年轻同事，监理机构为现场监理管理人员配备适当生活设施，积极关心和解决现场监理人员工作生活的实际困难，营造出一个稳定的工作环境，形成了良好融洽的工作氛围，团队工作效率得到大大提升。

4. 在项目实施过程中，监理部历任员工都得到了锻炼和提高；监理团队整体工作水平明显提升，监理部员工在《建设监理》及其他刊物上累积发表技术性论文达十多篇。工程顺利竣工，主体结构评选获得省级"中州杯"和国家级"金刚奖"两项荣誉。

## 三、在工作实践中，针对重点和难点，监理机构采取了一系列行之有效的方法、手段及措施

（一）深基坑开挖——超一定规模危大工程过程安全控制

基坑开挖深度为 17.4m，结合现场实际情况，监理机构重点核查了深基坑南侧 5 号楼部位支护是否与其他部位有所加强，核算井点降水布置数量是否满足降水要求等，基坑开挖与支护方案经过专家论证后实施。

监理机构认为，地下水位反复升降是导致基坑事故的常见原因，必须保证地下水位保持稳定，要求井点降水工作一旦展开后就不应停止；监理机构安排专人每天定期对井点及基坑进行安全巡检，检查井点电机运行情况及基坑坑体是否出现裂缝、位移等安全隐患；监理

机构根据基坑监测数据和现场实际检查，做好预控，确保了基础施工的过程安全。

（二）附着式升降脚手架提升过程的安全控制

超高层建筑主体核心筒施工时，脚手架提升高度超过 150m，属于超一定规模危大工程，脚手架方案需经专家论证后实施。

在审核脚手架提升方案时，监理机构对爬架使用过程中各种荷载值进行核对，核算爬架每个固定点承载力是否满足过程使用要求；在爬架提升前、爬架提升过程、爬架再次固定使用前，及时消除安全隐患，确保了爬架使用过程安全可控。

（三）对大体积混凝土浇筑过程的质量控制

主楼筏板基础属于大体积混凝土浇筑范畴，大体积混凝土浇筑方案经专家论证后实施。为确保混凝土浇筑质量，监理机构重点在以下几个方面进行把控：

1. 核查原材料质量及配比，考察搅拌站生产能力及运输能力。

2. 混凝土浇筑时，必须保证混凝土的持续供应。

3. 考虑突发不利情况，做好万全应对准备。

4. 监理机构安排专监全过程进行旁站，随时处理现场突发问题。

5. 筏板浇筑完成后精心养护，做好成品保护工作，最终大体积混凝土质量达到合格，尤其是最难控制的裂缝问题得到了彻底控制。

（四）对钢结构节点施工质量进行重点控制

钢结构细化设计出图量很大，监理机构为做好质量控制，首先从熟悉图纸

做起，组织专业监理加强学习，从"构造形式"入手掌握节点图纸，找出规律，把图纸"由厚变薄"、把工作"由繁变简"，严格把控构件进场的验收质量，提前发现钢构件的"构造零件"位置错误或遗漏缺失问题。构件质量过关，可以保证后期钢结构安装过程顺利，从而缩短了高空作业滞留时间，既保证了安装质量，同时间接地降低了过程施工安全风险，取得了明显工作成效。

（五）玻璃幕墙施工过程的质量控制

1. 主楼外立面玻璃幕墙安装属于超一定规模危大工程，专项方案经专家论证后实施。玻璃幕墙在竖向上呈抛物线形状，在每层的外围平面呈弧形，施工难度很大。

2. 监理机构在质量控制、现场验收过程中，重点检查每层外围挑梁的长度尺寸及每块楼承板安装形状尺寸及其定位是否准确，从而完成了造型变化的基本质量把控。另外，监理机构还重点对幕墙框架前期预埋件的定位进行了检查验收，对吊篮的使用方案要求进行专家论证，对质量和安全工作全方位控制，确保施工过程安全。

（六）箱型柱安装垂直度质量控制对策

1. 超高层箱型柱安装垂直度控制是一个难点，在箱型柱安装过程中，出现过两次箱型柱垂直度超规范情况。

2. 针对箱型柱安装垂直度超标问题，监理机构在整改方案基础上，首先对进场钢柱变形量等指标进行严格检查，不合格时要求必须退场；其次在安装过程中要求进行两次验收，箱型柱与柱对接完成后要进行一次垂直度验收，梁柱初步对接完成后再进行一次验收。通过监理方参与和坚持两次验收的对策，达

到了及时纠偏的目的，促进了该问题的彻底解决。

（七）主体结构施工的过程质量控制

1.墙柱混凝土和梁板混凝土标号不一致，严禁混淆，监理重点进行旁站控制。

2.监理机构组织专业监理熟悉图纸及规范要求，严格检查验收，确保了梁柱节点关键部位施工质量。

3.必须注意的还有核心筒与钢梁连接部位预埋件留置位置是否精准，这将对后期钢梁安装质量影响很大，监理机构重点对该部分预埋件数量、定位进行了检查验收。

4.主体结构混凝土浇筑时，监理机构安排专人负责旁站，随时做好应对突发事件的准备。在40层核心筒混凝土浇筑过程中突降暴雨，在总包负责人尚未到场的情况下，监理挺身而出，要求施工班组马上采取措施：必须保证浇筑连续进行（但不允许四处铺灌），同时安排工人增加墙柱模板的泄水孔数量（及时排水），浇筑完成后立即进行覆盖保护。所幸的是，过程中混凝土供应没有出现间断，从另一个方面保证了施工质量。在此过程中，监理机构发挥了不容忽视的强有力保障作用，确保了主体结构施工质量。

**四、坚持理论与实践相结合，不断突破创新，全面提升监理服务效果，项目监理机构积累了较为丰富的工作经验**

（一）良好的服务意识有助于促进现场问题的快速解决

在电梯井道围护墙体砌筑过程中，需要各种洞口预留，总包方认为电梯分包提供的文件没有针对性内容，拒绝配合预留。在这种情况下，监理机构突破常规，主动联系电梯分包方，将其文件表达的意图进行了总结，总包方对此总结表示认可，总结表格经建设单位签字认可后实施，问题从而得到了解决，监理发挥的作用得到了参建各方的一致认同。

（二）重视事前预控，注重过程管控，做好终端把关，促进质量及安全工作顺利推进

事前预控工作措施落实到位将事半功倍，监理机构严把材料进场质量验收关，重视各项施工方案审批工作，督促落实技术交底制度，减少质量通病的发生。

监理机构工作注重过程质量安全把控，落实好各个工序质量与安全环节，步步落实，从而实现整体质量安全可控大目标。

做好终端把关，验收不合格不予通过，最终确保工程施工质量和安全。

（三）监理机构工作突出了"技术服务"这个特色，善于解决现场争议问题，为质量、安全工作保驾护航

1.工程前期，多了解招标、合同方面的知识，力争为业主提供一定的技术咨询服务。

2.工程实施前，组织专业监理认真阅读图纸，提前发现问题避免出现返工。

3.严格审查各类技术方案、安全方案，避免错误和漏项。

4.在监理例会发言时要突出工作重点，并提出解决问题的方法、对策。

5.及时提出合理化建议等。

（四）监理机构特别重视对防疫防控、安全文明工作的管控工作

安全工作重于泰山，安全问题实行一票否决制，监理机构督促施工单位建立完善的安全生产管理组织体系，制定安全生产责任制，编制安全施工方案、危大工程方案、防疫防控工作应急预案等；针对超一定规模危大工程（基坑开挖、玻璃幕墙施工）要求组织进行专家论证，经审核通过后实施。项目通过过程的严格把控，最终杜绝了安全事故的发生。

（五）监理机构认为要切实做好各专业图纸的核对工作

工作实践中，常常会出现建筑和其他专业图纸设计不符的情况，这样就有后期返工的风险。举例来讲，暖通专业风管与结构发生碰撞时，暖通设计专业需要及时向机构专业反馈，共同协商解决。但是，本工程实践中出现了主体结构浇筑后，通风管道与连梁发生冲突，因为风管路线无法变更，最后只有凿除连梁。但是连梁构件截面尺寸大，凿除和加固施工的难度很大，因为设计原因造成了进度和经济损失。

在工作中，必须以图纸为依据但又不能完全依赖于图纸，应对各专业设计图纸之间进行核对，找出矛盾，提前解决问题。

（六）应熟悉与工作相关的图集、规范等，学以致用，结合实践，才能有效解决实际问题

为施工方便，施工单位在方案中提出将植筋技术用于核心筒与外围楼承板连接部位，考虑到植筋设计年限低于主体结构设计年限，监理方坚持该部位楼承板受力钢筋需要事先进行预留，以理服人，最终施工单位同意进行前期预留，监理工作取得了明显成效。

要想更好地把控现场施工质量，必须熟悉相关图集、规范的相关规定，做到有据可依，以理服人，有理有据才能胜利。

58

（七）监理工作要进行动态化管控

因为后期水箱位置变动而引起楼面承载情况发生变化，监理机构及时书面提醒移位后的水箱下面梁板需要进行加固；另外，针对后期设计出图的屋面钢桁架，监理机构及时提醒桁架支点下面钢梁需要进行加固，并反复提醒，建设方最终联系设计进行了加固，建议得以实施。

变更往往会造成"牵一发而动全身"，监理应及时提醒建设方变更可能造成其他方面的不利影响，及时进行提醒和建议，从而体现监理工作价值。

（八）应充分发挥监理技术服务优势，减小建设方可能面临的经济和进度风险

电梯井道自下而上墙体厚度逐渐由500mm变为300mm，墙体变薄有两种变化，一种是保证井道内侧垂直而变化，另一种是保证井道外侧垂直而变化，图纸设计为井道外侧垂直，这样就造成后期因电梯门地坎与电梯轿厢地坎距离过大，需要对电梯门地坎进行加长处理，

造成安装费用增加。

虽然这个问题属于设计问题，但是作为提供技术服务的监理单位，应该在会审时提出，及时解决。

（九）应精准把握建设方需求，大胆建议，提高项目经济效益

主体结构施工完成后，建设单位领导视察时提出核心筒部位一层顶梁板影响视觉效果，决定进行拆除，拆除后导致本层及相邻层需要加固，加固费用接近90万。

针对建设方热衷的"偏好"，监理方应有精准把握，在施工前对图纸设计进行大胆建议，使图纸设计更好地满足建设方的需要和市场需求，从而避免后期可能发生大的返工而造成的经济损失（即提高项目经济效益）。

（十）在工作中，应做好自身工作，避免质量、安全事故纠纷，这是立足之本

箱型柱安装过程中，在一层和标准层各检查出1次柱子垂直度超规范标准情况，因为已经焊接完成，钢柱的调整

返工极为困难，进而引起进度损失及参建各方纠纷。

箱型柱安装垂直度控制是一个难点，应给予高度重视，重点把控。打铁还需自身硬，脚踏实地做好关键点的质量和安全控制，做好本职工作（避免大的问题出现）是监理的立足之本。

## 结语

超高层建筑各有特点，监理在过程中应用的工作方法、手段、措施也不尽相同，但结合工作实践，通过不断的总结，可以针对超高层监理提出行之有效的监控对策。在此抛砖引玉，希望给予指正。

监理机构最终完成了监理合同规定任务，过程中可总结的经验和吸取的教训很多，这些经验和教训都是难得的经历和财富。只有理顺工作思路、不断地进行过程总结，才能把超高层项目的监理工作做得更好，取得更大工作成效。

# 老挝南公1水电站大坝填筑施工质量控制

田聪　汪华东

四川二滩国际工程咨询有限责任公司

摘　要：老挝南公1水电站大坝填筑施工强度大，质量要求高，在施工过程中，通过对坝料开采、填筑碾压参数以及取样试验检测等环节的质量控制，同时采用了合理的填筑方法和机械设备配置，通过配套的坝体填筑施工技术的应用和健全的质量管理体系，保证了大坝的填筑压实质量达到了高标准要求。

## 一、概述

老挝南公1水电站以防洪、发电、灌溉、旅游为开发目标，目的是促进当地社会经济发展，主坝校核洪水位高程为320.80m，相应库容为 $6.51 \times 10^8 m^3$；正常蓄水位高程为320.00m，相应库容为 $6.33 \times 10^8 m^3$；死水位高程为280.00m，相应库容为 $0.97 \times 10^8 m^3$，调节库容为 $5.36 \times 10^8 m^3$，设计要求为具有多年调节能力。工程为二等大（2）型工程，电站装机容量160MW，装机2台，单机容量80MW，主挡水建筑物为混凝土面板堆石坝，布置于主河床，坝顶长409.946m，坝顶宽8.8m，坝顶高程为325m，最大坝高为90m。坝体上游坝坡1∶1.4，下游坝坡1∶1.35。

老挝南公1水电站大坝填筑施工过程中，通过对大坝基础开挖、清理，上坝料开采，坝料颗粒级配，上坝料加水及坝面补水，铺料厚度、宽度、碾压遍数等施工参数进行有效控制，确保了大坝填筑碾压施工质量满足设计及业主规定的高标准要求。现场监理工程师对整个大坝填筑过程都是高标准、严要求，通过现场采取有效严格的质量控制手段，使大坝在填筑完成后沉降期内累计沉降量很小，通过对沉降监测成果进行分析得知，目前大坝最大累计沉降量为91.90mm，累计沉降率为1.07‰，为大坝面板混凝土施工质量提供了有力保障，对控制大坝面板混凝土裂缝具有十分重要的意义。

## 二、大坝填筑施工质量控制

### （一）上坝料源质量控制

大坝填筑料源为溢洪道开挖料直接运输上坝，为确保大坝填筑料源的施工质量，监理对整个过渡料、堆石料生产性爆破试验过程进行了现场监督，对过渡料、堆石料生产性爆破试验的钻孔孔深、孔径、孔距、排距、装药量、装药结构等爆破试验参数均进行现场检查，对爆破后过渡料、堆石料的颗粒级配进行了现场筛分试验见证。通过对整个生产性爆破试验数据进行整理、分析，其爆破的过渡料、堆石料的颗粒级配均满足设计要求，最终明确了过渡料、堆石料的爆破试验参数，其中过渡料爆破参数为：孔径120mm，钻孔深度7～9.7m，孔距3.5m，排距3m，药卷直径65mm，炸药单耗0.8kg/m³。堆石料爆破参数：孔径120mm，钻孔深度7～9.7m，孔距4m，排距3m，药卷直径65mm，炸药单耗0.75kg/m³。在开挖爆破过程中，严格要求承包人按照爆破试验确定的爆破参数进行上坝过渡料、堆石料爆破施工。

（二）大坝填筑碾压施工参数质量控制

为确保大坝填筑施工质量，监理部严格要求承包人按照相关规定进行大坝填筑生产性碾压试验，监理部对整个碾压试验过程进行现场旁站监督，分别进行了大坝坝体垫层料、特殊垫层料、过渡料、堆石料的生产性碾压试验，分别对不同区域的铺料方式、铺料厚度、振动碾型号及重量、碾压遍数、行车速度、压实厚度、加水量、碾压前后颗粒级配、渗透系数、压实后的孔隙率、干密度等参数进行生产性碾压试验，通过对整个生产性碾压试验数据进行整理、分析，并邀请专家组对生产性碾压试验成果进行评审复核，其碾压试验成果满足坝体填筑施工技术设计要求，明确了大坝垫层料、特殊垫层料、过渡料、主堆石区、次堆石区的填筑碾压参数。现场监理工程师对大坝填筑进行全程旁站，现场严格要求承包人按照确定的碾压试验参数进行大坝填筑施工。大坝填筑前经过生产性试验取得的各项碾压施工参数见表1。

（三）大坝填筑过程施工质量控制

为加强大坝填筑施工质量控制，监理工程师在大坝填筑过程中进行全程旁站，要求承包人严格按照设计要求进行大坝填筑施工，严格控制料源质量，对不合格的爆破料严禁运输上坝。在填筑过程中严格控制铺料厚度、碾压遍数、加水量等施工参数，严格按照规定对每层填筑进行试验抽样检测，同时结合北斗监控系统对大坝每层填筑质量进行检查验收。大坝填筑过程施工质量控制管理的具体要求为：

1. 坝体填筑前，先组织发包人、设计及承包人共同对坝基开挖质量进行检查验收。为了便于对验收中存在的问题进行及时处理，每次验收高度为5m，只有待坝基经"四方"现场联合检查验收合格后，方能进行大坝填筑施工。

2. 现场要求承包人设置坝体填筑分区规划牌，将准备施工填筑面的分区提前在规划牌上进行规划，规划牌能够清晰描述并反映填筑现场分区、填筑高程、填筑桩号等基本信息，现场填筑作业必须按规划牌所示进行分区施工。由于坝体填筑是一个动态的施工过程，要求规划牌的施工信息要根据实际施工情况及时更新。

3. 根据现场填筑分区规划牌所示，现场合理划分填筑铺料区、碾压区、待检区等，并用白灰线统一标识，在施工区域设置施工标识牌，避免无顺序填筑、碾压，确保坝体填筑碾压质量。

4. 坝料填筑部位重点控制垫层料、特殊垫层料和过渡料有效宽度，其中垫层料和上游过渡料宽度为3m，两岸岸坡过渡料平均宽度5m，水平厚度不小于2m，左岸高程311～325m与溢洪道右边墩结合部位过渡料填筑宽度为10m。在施工过程中各种填料铺筑前对各种填料界线进行测量放线，并采用白灰划线进行统一标识，在填筑过程中严格执行"粗不占细"原则，即过渡料不侵占垫层料位置，堆石料不侵占过渡料位置。

5. 坝体堆石料采用32t振动平碾进行碾压，在施工过程中，现场监理严格控制振动碾碾压遍数和行进速度，同时要求承包人加强对振动碾的维护保养，经常检测振动碾的工作参数，确保整个碾压过程处于正常工作状态。坝料碾压按材料分区、分段进行，各碾压段之间的搭接宽度不得小于1.0m，碾压采用错距法进行碾压。

6. 在坝料卸料、铺料时，要求避免粗细料分离，要求对垫层料、过渡料与主堆石接触带处分离的块石集中问题进行清除处理。对于两岸岸坡和坝基部位局部机械设备不能铺料到位且振动碾亦不能有效进行碾压的，要求承包人采用人工配合机械进行薄层摊铺，每层厚度不得超过25cm，并采用手扶式小型振动碾进行碾压密实。

7. 对于垫层料与上游过渡料要求每两层与主堆石填筑面齐平，对两种填料交界结合部位要求采用振动碾骑缝碾压。坝料填筑、垫层料防护施工时，要求承包人对大坝埋设监测仪器、止水进行有效保护，防止损坏已安装好的仪器、止水及其他设施。

8. 每层料填筑前，由监理工程师在现场对上一层料的填筑质量进行验收，首先确认底下的一层填筑碾压施工已按批准的工艺参数完成，确认质量检测（试验检测）结果满足设计要求，大坝填筑北斗监控系统显示碾压图像完整，并签署本层的填筑准填证后方可进行本层填筑作业。

大坝填筑料碾压施工参数    表1

| 填料种类 | 铺料厚度/mm | 洒水量/% | 碾压遍数 | 最大粒径/mm | 含泥量/% | 孔隙率/% | 干密度/（g/cm³） |
|---|---|---|---|---|---|---|---|
| 垫层料 | 45 | 10 | 2+10（18t） | 80 | | 18 | 2.23 |
| 特垫料 | 25 | 10 | 2+10（18t） | 40 | | 18 | 2.23 |
| 过渡料（上游） | 45 | 10 | 2+10（18t） | 300 | | 20 | 2.2 |
| 过渡料（岸坡） | 90 | 10 | 2+8（32t） | 300 | | 20 | 2.2 |
| 主堆石料 | 90 | 15～20 | 2+8（32t） | 800 | ≤5 | <22 | >2.12 |
| 次堆石料 | 90 | 15～20 | 2+8（32t） | 800 | ≤5 | <23 | >2.10 |

9. 仓面内的监测设备保护完好，需要埋设的仪器和预埋件已经埋设。

10. 铺料完毕，监理工程师必须确认该层铺料厚度没有超厚、铺料过程中没有不合格料进入填筑仓面、铺料过程中的粗料集中和架空问题已经处理、碾压条带划分明确、碾压面大面平整、碾压监控仓面开仓规划满足要求、碾压设备到位、监控正常，签发碾压许可证后方可允许进行碾压；碾压完成后，经质量检测合格方能进入下一个填筑循环。

（四）大坝填筑中存在的问题及处理措施

2018 年 12 月 20 日开始进行大坝填筑，至 2019 年 11 月 27 日，大坝填筑至 EL322.00m，从开工至今，大坝整体质量处于受控状态，各种填筑料压实度、含水率、渗透系数、颗粒级配等试验检测指标满足设计要求，但在填筑施工过程中主要存在如下常见问题：

（1）岸坡局部碾压不到位。

（2）堆石料填筑局部出现块石集中现象。

（3）过渡料存在超径现象。

（4）垫层料含水率偏高，局部碾压存在"弹簧土"现象。

（5）振动碾北斗监控系统偶尔出现故障，监控图像不能完整显示。

（6）趾板铜止水保护不到位。

针对上述大坝填筑中存在的问题，现场督促承包人及时进行了整改处理，整改处理完成后才能进行下道工序施工，具体整改处理措施如下：

（1）由于两岸岸坡局部地形狭窄，且局部坡度较陡，大型振动碾不能进行有效碾压，为了确保碾压质量，要求承包人采用小型振动碾进行多次碾压，对于振动碾不能碾压到位的部位采用人工手扶式夯机进行夯实。

（2）针对堆石料局部出现的块石集中现象，要求承包人及时对块石集中部位进行清除，然后再采用细料进行局部换填，经现场监理检查验收合格后才能进行碾压施工。

（3）针对过渡料超径问题，首先要求承包人加强过渡料爆破施工质量控制，并在现场进行试验检测，只有经试验检测合格的爆破料才能用于现场填筑，在现场填筑过程中发现的个别超径石和不合格的过渡料，及时要求承包人清除。

（4）由于老挝雨期雨水较多，导致垫层料含水率偏高，在碾压过程中出现了"弹簧土"现象，现场监理要求承包人对"弹簧土"部位进行了返工处理，同时要求承包人加强对垫层料的防雨遮盖。在雨期主汛期暂停了垫层料施工。

（5）针对大坝填筑北斗监控系统出现故障的问题，监理工程师要求承包人派专人加强北斗监控系统的维护管理，对存在的故障及时进行处理，对北斗监控信号出现故障的碾压机要求暂停使用。

（6）针对趾板铜止水保护问题，要求承包人专门制作铜止水定型保护木板，目前趾板铜止水全部处于保护状态。

## 三、大坝填筑试验检测情况

为了确保大坝填筑质量，必须进行取样试验，以检测坝料的质量及碾压质量。坝料取样检测将其分为控制试验及记录试验，控制试验在料场和加工掺配场进行，主要检测开采爆破料的加工掺配料的颗粒级配、含泥量等指标是否符合质量要求。记录试验主要在坝体碾压后的工作面上进行，主要检测碾压后的坝料的干密度、孔隙率、颗粒级配、渗透系数及含泥量等指标是否满足设计质量要求（表 2）。

对大坝填筑主堆石料、次堆石料、过渡料、垫层料、特殊垫层料进行抽样

混凝土面板堆石坝大坝填筑试验检测情况统计表　　　　表2

| 填料种类 | 检测项目 | 设计指标 | 组数 | 最大值 | 最小值 | 平均值 | 合格率/% |
|---|---|---|---|---|---|---|---|
| 主堆石料 | 干密度/（g/cm³） | >2.12 | 10 | 2.28 | 2.13 | 2.17 | 100 |
| | 孔隙率/% | ≤22 | 10 | 19 | 13 | 17.3 | 100 |
| | 最大粒径/mm | 800 | 10 | 785 | 510 | 525 | 100 |
| | 含泥量/% | ≤5 | 10 | 2.1 | 0.8 | 1.5 | 100 |
| | 颗粒级配 | 在包络线内 | 10 | 在包络线内 | | | 100 |
| 次堆石料 | 干密度/（g/cm³） | >2.10 | 7 | 2.21 | 2.16 | 2.19 | 100 |
| | 孔隙率/% | ≤23 | 7 | 17.6 | 15.6 | 16.7 | 100 |
| | 最大粒径/mm | 800 | 7 | 720 | 565 | 658 | 100 |
| | 含泥量/% | ≤5 | 4 | 0.3 | 0.1 | 0.17 | 100 |
| | 颗粒级配 | 在包络线内 | 4 | 在包络线内 | | | 100 |
| 过渡料 | 干密度/（g/cm³） | >2.2 | 14 | 2.33 | 2.23 | 2.26 | 100 |
| | 孔隙率/% | ≤20 | 14 | 15 | 11 | 13.7 | 100 |
| | 最大粒径/mm | 300 | 14 | 294 | 224 | 254 | 100 |
| | <5mm含量/% | ≤18 | 14 | 12.4 | 4.6 | 10.1 | 100 |
| | <1mm含量/% | ≤7 | 14 | 4.7 | 1 | 3.4 | 100 |
| | 渗透系数/（cm/s） | $i×10^{-1}\sim i×10^{-2}$ | 8 | $1.17×10^{-1}$ | $1.2×10^{-2}$ | $4.9×10^{-2}$ | 100 |
| | 颗粒级配 | 在包络线内 | 14 | 在包络线内 | | | 100 |

| 填料种类 | 检测项目 | 设计指标 | 组数 | 最大值 | 最小值 | 平均值 | 合格率/% |
|---|---|---|---|---|---|---|---|
| 垫层料 | 干密度/ ( g/cm³ ) | >2.23 | 20 | 2.31 | 2.24 | 2.27 | 100 |
| | 孔隙率/% | ≤18 | 20 | 15 | 12 | 13.2 | 100 |
| | 最大粒径/mm | 80 | 20 | 78 | 56 | 68 | 100 |
| | <5mm含量/% | 32~55 | 18 | 49.1 | 35.2 | 41.4 | 100 |
| | <0.1mm含量/% | 4~7 | 18 | 6.4 | 4.0 | 5.1 | 100 |
| | 渗透系数/ ( cm/s ) | $i \times 10^{-3} \sim i \times 10^{-4}$ | 12 | $8.7 \times 10^{-3}$ | $1.6 \times 10^{-4}$ | $3.9 \times 10^{-3}$ | 100 |
| | 颗粒级配 | 在包络线内 | 18 | 在包络线内 | | | 100 |
| 特殊垫层料 | 干密度/ ( g/cm³ ) | >2.23 | 3 | 2.27 | 2.24 | 2.26 | 100 |
| | 孔隙率/% | ≤18 | 3 | 15 | 13 | 13.8 | 100 |
| | 最大粒径/mm | 40 | 3 | 38 | 32 | 35 | 100 |
| | 渗透系数/ ( cm/s ) | $i \times 10^{-3} \sim i \times 10^{-4}$ | 3 | $5.7 \times 10^{-3}$ | $4.9 \times 10^{-4}$ | $2.2 \times 10^{-3}$ | 100 |
| | 颗粒级配 | 在包络线内 | 3 | 在包络线内 | | | 100 |

试验检测,所检测的大坝填筑施工质量必须满足设计要求及规范要求。

## 四、大坝施工期的沉降监测结果

大坝共计布置 8 套水管式沉降仪,其中在大坝 270m 高程监测断面布置 5 套,在大坝 300m 高程监测断面布置 3 套。对监测资料进行分析可知,填筑期间,大坝 270m 高程的最大沉降为 91.90mm,在大坝 300m 高程最大沉降 21.40mm,压缩率分别为 0.27% 和 0.07%。填筑期速率高峰期为 2019 年 10—11 月,最大沉降月速率发生于本段时间,在大坝 270m 高程月沉降速率最大为 19.30mm/ 月,在大坝 300m 高程月沉降速率最大为 14.30mm/ 月。大坝于 2019 年 11 月 27 日填筑完成,截至 2020 年 9 月底,在大坝 270m 高程监测断面监测点最大累计沉降量为 91.90mm,累计沉降率为 1.07‰;300m 高程监测断面目前测点最大累计沉降量为 30.50mm,累计沉降率为 0.1‰。

## 五、对坝体填筑质量的总体评价

大坝坝体自 2018 年 12 月 20 日开始填筑,2019 年 11 月 27 日,大坝坝体整体填筑至高程 322.00m。在大坝整个填筑施工过程中,监理工程师进行了全程跟踪,碾压工序全过程采用数字化大坝北斗系统进行了监控,确保了碾压环节质量满足设计要求,并按要求对填筑碾压后质量进行了平行检测及抽样检测。将检测结果与承包人和发包人中心试验室检测的数据进行对比分析后得知,大坝垫层料、过渡料及堆石料的含水量、含泥量、颗粒级配、孔隙率及干密度等技术参数均满足设计及相关规范规定要求,施工过程得到有效控制,抽检质量统计满足设计要求。目前大坝监测最大累计沉降量为 91.90mm,累计沉降率为 1.07‰,大坝整体沉降量很小,说明大坝填筑质量优良。

## 结语

老挝南公 1 水电站在大坝填筑过程中采取了有效、严格的质量控制措施,使大坝在高强度、大方量的填筑情况下达到了高指标的质量要求。为具有高填筑压实质量要求、高填筑强度要求的面板堆石坝施工提供了工程实例,具有很好的借鉴作用。

# 智能大坝、智能灌浆技术在工程监理中的应用

韩建东　武波　杜臣

摘　要：两河口水电站是目前我国藏区开工建设规模和投资规模最大的基建项目，项目的主要工程特性指标居国内外同类型工程前列，同时由于项目位于高寒高海拔地区，受高原气候条件影响，工程监理难度远超同类工程，面临诸多技术、管理难题。在吸取以往监理项目成功经验的基础上，两河口监理中心积极推动各项关键技术研究，成功应用了智能大坝、智能灌浆等创新技术，取得了突出的成果，可为其他工程监理企业管理创新提供借鉴。

## 一、工程概况

两河口水电站为雅砻江干流中段水电规划的"龙头"梯级，是雅砻江中游河段的控制性梯级水库，水库具有多年调节性能，调蓄作用巨大，对其下游各梯级电站具有显著的梯级补偿效益。

两河口水电站的开发任务为：发电为主，兼顾防洪，并促进地方经济社会发展。水库正常蓄水位 2865m，相应库容为 101.54 亿 m³，死水位 2785m，调节库容 65.6 亿 m³，具有多年调节能力；电站装机容量 300 万 kW，多年平均发电量为 110 亿 kWh。

两河口水电站枢纽建筑物由砾石土心墙堆石坝、洞式溢洪道、深孔泄洪洞、放空洞、旋流竖井泄洪洞、发电厂房、引水及尾水建筑物等组成。采用"拦河砾石土心墙堆石坝＋右岸引水发电系统＋左岸泄洪、放空系统＋左、右岸导流洞"的工程枢纽总体布置格局。

两河口监理中心承担两河口水电站监理 I 标，监理工作范围主要包括开挖工程 I、开挖工程 II 标，大坝标，泄水建筑物系统工程标，消能雾化标施工监理工作及与之相关配套的安全监测、物探检测、附加质量、核子密度、固定断面等项目的监理工作和科研试验等项目的配合工作。后期补充协议增加了过鱼标、水位观测站及船舶停靠平台标的施工监理工作。

## 二、工程特点与难点

两河口水电站是目前我国藏区开工建设规模和投资规模最大的基建项目，项目主要工程特性指标居国内外同类型工程前列：拥有目前世界第三高土石坝（295m）、世界水电最大规模高边坡群（最高边坡 684m）、世界最高电站进水塔（115m）、世界最高泄洪流速（最大流速 53.76m/s）。此外，由于项目位于高海拔寒冷地区，受高原气候条件影响，工程监理难度远超同类工程，面临诸多技术、管理难题。两河口监理中心积极推动各项关键技术研究，成功应用了智能大坝、智能灌浆等创新技术。

## 三、智能大坝技术

（一）概述

大坝作为挡水建筑物是水电站工程的关键，大坝填筑的质量直接影响着整个坝体的功能及安全运行。为此两河口水电站引入"智能大坝"技术，建立了一套具有实时性、连续性、自动化、高精度特点的心墙堆石坝施工质量实时监

控系统，实现了坝料开采、加工、运输和填筑全过程信息化管理。

（二）系统构成及原理

智能大坝系统主要由料源开采及上坝运输实时监控系统、掺和场施工工艺监控系统、坝料自动加水系统、填筑碾压质量自动监测与反馈控制系统和智能碾压五大子系统组成。该系统综合运用3S[遥感技术（Remote Sensing，简称RS）、地理信息系统（Geography Information Systems，简称GIS）和全球定位系统（Global Positioning Systems，简称GPS）]技术、海量数据库管理技术、网络技术、多媒体及虚拟现实（VR）技术，并主要以GPS技术为核心，将数据传输技术、GIS技术、计算机技术与网络技术及相关硬件设备有效地集成运用，对两河口水电站大坝设计、建设和运行过程中涉及的施工质量、工程进度等信息进行动态采集与数字化处理，构建两河口水电站大坝综合数字信息平台和三维虚拟模型，实现综合信息的动态更新与维护，为工程决策与管理、大坝安全运行与健康诊断等提供信息支撑和应用平台。

1. 料源开采及上坝运输实时监控系统

通过在上坝运输自卸车上安装监测设备，对自卸车从料场装料到坝面卸料的全过程进行监控，当发现自卸车实际卸料地点与应卸料区域不匹配时，将通过监控PC终端和PDA系统进行报警，并实时地向相关单位人员发送报警短信，指导并督促现场整改闭合。同时该系统可进行上坝运输强度与上坝道路车流量的统计分析，为相关单位人员决策提供数据支持。

2. 掺和场施工工艺监控系统

通过在掺拌设备及摊铺机械上安装监测设备，实现对掺和场掺拌工艺的全过程可视化远程监控，严格监控铺土（石）厚度和正铲掺拌次数，当铺土（石）厚度不满足要求或掺和料出现少掺、漏掺等情况时，系统将通过监控PC终端和PDA系统进行报警，指导并督促现场整改闭合，从而确保了砾石土料掺拌质量。

3. 坝料自动加水系统

通过在上坝运输自卸车上安装无线射频卡，并将车辆信息录入数据库，在该车辆进入加水区后，系统将自动识别该车信息，并按照设计要求加水量进行加水，当加水量达到设计要求后，道闸将自动升起，并提示自卸车通过。若加水量未达到设计要求或车辆强行闯关，系统将通过监控PC终端和PDA系统进行报警，并实时地向相关单位人员发送报警短信，督促相关人员予以整改闭合。

4. 填筑碾压质量自动监测与反馈控制系统

通过在碾压机上安装定位监测设备，对大坝整个填筑施工过程进行监控，包括碾压机行走速度、碾压遍数、激振力输出状态和压实厚度，当监控系统发现碾压机存在超速、漏碾等施工不规范的情况发生时，通过监控PC终端和PDA系统进行报警，并实时地向相关单位人员发送报警短信，指导并督促现场整改闭合，从而确保了大坝填筑碾压施工质量。

5. 智能碾压系统

智能碾压主要采用智能算法与智能仿真技术，通过智能感知、智能避障、智能寻迹与循迹，并结合碾压作业路径的动态规划，实现大坝碾压施工过程实时动态智能仿真。碾压机的智能化改装包括感知模块、安全保障模块、控制模块和车载线束。通过在碾压机上加装各模块，最终实现智能碾压功能。

（三）监理的工作、方法及作用

全程参与智能大坝系统的开发、调试、运行、维护及制度编制，在糯扎渡水电站大坝监理工作总结和提炼的基础上，提出了不同料种的碾压遍数合格率。定期组织召开智能大坝周、月例会，协调解决智能大坝系统相关事宜。

在系统开发调试阶段深度参与，充分吸取糯扎渡数字大坝系统的经验教训，并结合两河口大坝工程实际情况，组织参与制定了"智能数字大坝项目实施方案"，组织参建各方对智能大坝系统相关软件硬件设备的安装、调试进行验收，确保智能大坝系统能够有效使用。

在运行维护阶段，组织制定了"两河口水电站心墙堆石坝施工质量与进度实时监控系统运行管理办法""大坝填筑智能碾压系统研究与应用操作说明书"及"智能大坝监理实施细则"等相关管理制度及管理办法。组织系统运行管理人员培训，考试合格后方可上岗，严格按照相关管理制度、管理办法督促施工单位组织实施。审核天津大学智能大坝项目部及施工单位周、月、年报，分析总结系统运行过程中存在的问题，及时组织相关单位人员对系统进行优化处理。

建立了完善的管理体制，监理工程师在现场分控站进行24小时全过程值班监控，应用智能大坝系统对上坝料运输施工过程、坝料掺和施工过程、坝料加水、大坝填筑智能碾压施工过程进行监控，与料场及坝面监理工程师、现场施工管理人员保持有效沟通，应用智能大坝系统指导现场施工。针对智能大坝监控系统反映的问题（如少掺、漏掺、料源偏差、卸料点偏差、加水量不足、超速、漏碾等）督促施工单位及时进行整改，做好过程管控。填写分控站系统监控监理日志，将系统监控过程中出现的问题与处理措施等情况如实记录。

审核施工单位坝料填筑准填证、准碾证（图形报告、试验检测、刨毛补水、料界处理、铺料厚度、仓面搭接、平整度、分仓线等），具备条件后方可下达指令，开仓填筑或碾压。碾压过程中，实时关注智能大坝监控系统碾压信息，出现超速、漏碾、信号异常等情况，立即通知相关人员处理。碾压结束后审核仓面碾压施工情况，具备条件关仓（心墙料碾压遍数合格率不低于95%，堆石料及过渡料碾压合格率不低于90%，且仓面无明显的漏碾、欠碾），生成碾压监控成果图形报告。

促进智能大坝系统推广应用，从而解放劳动力，提高工作效率。

（四）取得的成果、荣誉

两河口智能大坝系统可对坝料运输车进行从料场到坝面运输全过程运输路径和行驶速度的远程监控，实现动态调整规划路径。对掺拌原料的运输和卸载过程、铺料厚度、掺拌工艺、掺拌遍数全过程可视化、实时监控，实现精细化管理。对堆石料、过渡料加水过程实现自动化、精细化控制。对碾压轨迹、碾压速度、碾压厚度以及碾压遍数等碾压参数进行实时监控模拟，解决了传统人工无法精准控制碾压参数的问题，以及大坝分期填筑通过建仓实现仓面搭接可视化，避免因分期填筑产生的搭接处漏碾，截至目前对大坝各填筑料共计10533个仓面实施了监控，实现了"仓仓有监控、层层有数据、碾压质量有保障"的效果。截至2021年5月，智能碾压共碾压完成775仓，其中堆石料319仓、过渡料275仓和心墙

料181仓，共计碾压方量达205万 m³。智能碾压较人工碾压遍数合格率提升了4% ～ 6%，保证质量，碾压效率提升了11% ～ 21%，保证工期；碾压路径长度减小了9% ～ 14%，节约投资。

两河口水电站《300m 级高心墙堆石坝智能填筑关键技术及工程应用》获得2020年中国大坝工程学会科技进步特等奖。

（五）小结

两河口智能大坝信息管理系统实现了对大坝填筑各坝料开采运输、坝料掺拌、坝料加水及大坝填筑碾压轨迹、行走速度、碾压遍数、压实厚度、激振力、合格率进行流程化、信息化监控，并有效地解决了高寒、高海拔施工人员降效问题，克服了两河口地域环境冬、雨期影响，真正做到大坝填筑全过程的实时、连续、自动、高精度控制和精细化管理，在施工进度及质量控制当中发挥了重大作用，是水电工程建设管理当中的一项重大突破，标志着大坝工程管理由"数字化"向"智能化"迈进，可为同类工程借鉴。

# 四、智能灌浆技术

（一）概述

作为隐蔽工程，灌浆的关键是质量，核心是数据真实、准确、完整、可靠。为最大程度上改变灌浆受人为因素干扰的困局，提高灌浆施工质量的可控性，有必要研究开发一种具有灌前预测、灌浆过程实时监测、自动化灌浆、灌后分析等功能的智能灌浆管理系统，以对施工过程进行实时透明化监控，将准确真实客观的灌浆数据实时记录入数据库，从而建立大数据，为后期工程质量评价、

类似工程设计、施工、管理提供依据。基于以上需求，两河口水电站开展了智能灌浆系统研发与应用施工试验。

（二）系统构成及原理

两河口智能灌浆系统由自动制浆单元、智能灌浆单元、污水处理单元、云端实时监控平台四部分组成，目前上述功能已上线运行，实现了自动制浆、压水灌浆、控压、采集灌浆数据和成果图表智能统计分析整理、智能终端设备实时监控和电子审签、废水处理循环利用等主要功能。

1. 自动制浆单元由主体框架、操控室、料仓、螺旋送料机、水仓、涡轮制浆机、振动破拱器、除尘器等组成，在各组件上安装电子启动阀与截止阀，由电子计算机自动制浆程序控制启动阀与截止阀，实现一键制浆。

2. 智能灌浆单元由智能灌浆主机、储浆桶、搅拌桶、进水泵、灌浆泵、密度桶等浆液控制设备组成，在设备上安装密度计、压力计、流量计、抬动传感器及调压阀等多种设备，同时配备电子启动阀与截止阀，由智能灌浆主机运行智能灌浆系统来控制启动阀与截止阀，一键启动灌浆，并在灌浆过程中对各设备参数数据进行整合，通过数据库技术、无线网络技术分析后迅速、准确处理。智能灌浆单元能做到可视化实时查询状态、输出图表和发布指令，与搭设的云端实时监控平台进行连接，数据在线实时传输，从而实现自动化、智能化灌浆。

3. 污水处理单元由控制台、抽水泵、浓密机、压滤机、压滤泵、清水池、出渣输送带等组成，施工废水通过抽水泵抽送方式直接抽入浓密机入口，废水经浓密机浓密后的上层清水溢流进入水箱，作为冲洗水循环使用，下层泥水混

合物进入压滤机入口进行压滤处理，压滤后的清水流入清水池循环使用，压滤后的泥饼通过出渣输送带装车后运至指定的弃渣场。

（三）监理的工作、方法及作用

1. 积极参与前期系统软件的研发，并依据灌浆施工规范及相关技术要求提出了优化建议共计31条，完善了系统软件功能。

2. 在智能灌浆系统软件运行过程中全程跟踪旁站，及时对软件运行出现的问题分类详细记录总结，并建立完善了相关台账，共统计各类问题69条，结合实际情况进行了讨论，同时提出了改进意见，解决了大部分问题。

3. 针对智能灌浆现场测试及验证性应用过程中出现的现场施工、人员设备、软件运行、施工进度等方面出现的问题，积极组织参建各方召开周例会18次、月例会7次、现场碰头会3次、专题会3次，及时协调解决了相关问题，推动了智能灌浆系统验证应用进度。

4. 在污水处理单元运行过程中全程跟踪，结合处理效率、效果及适用性，对污水处理单元提出改进优化意见，处理后的清水满足混凝土拌合用水及灌浆施工用水要求，提高了污水处理单元的适用性，对污水处理单元的推广应用做出了积极贡献。

5. 积极推动了智能灌浆系统各单元之间的联动运行，过程中对云端数据的及时性、准确性、完整性、可靠性和成果的规范性进行检查并提出改进意见，

积极推进了云端实时监控平台的搭建及完善工作。

6. 参与了《智能灌浆安全操作规程》（第一版）的编写及评审工作，以《智能灌浆安全操作规程》指导现场智能灌浆施工。同时编制了"智能灌浆工程监理实施细则"，规范了智能灌浆现场施工和监管。

7. 智能灌浆系统稳定运行后，根据《智能灌浆安全操作规程》（第一版）要求，定期（7~10天）组织对智能灌浆单元关键元器件（密度、压力、流量、抬动传感器）进行校核，确保了灌浆数据的真实、准确性。

8. 建立智能灌浆易损零部件（高压阀门、气动蝶阀、压滤机滤布等）更换台账，详细记录更换原因及更换周期，总结出关键零部件维护保养办法，对使用性能不满足现场实际施工需求的零部件，及时督促厂家优化改进。

9. 积极组织系统运行操作管理人员培训，经考试合格后方可上岗，严格按照智能灌浆管理制度、管理办法督促施工单位组织实施。

10. 单元工程施工完成后及时审核单元智能灌浆成果，根据成果布置检查孔压水并结合物探检测，对智能灌浆施工进行质量检查，保证了智能灌浆施工质量。

（四）取得的成果、荣誉

两河口水电站智能灌浆系统对灌浆过程进行实时透明化监控，灌浆过程一键启动，实现了自动制浆、自动配浆、

智能灌浆和数据后处理。截至目前已完成帷幕灌浆12031m，除少数异常情况（串、冒、漏浆等）人工辅助完成灌浆外，其余均为系统自动完成，占完成量的86%；已完成检查4个单元，检查合格率100%。污水处理单元将施工废水净化成清水循环利用，节约了施工资源，响应了国家环水保相关要求。

由智能灌浆系统衍生的实用新型专利：一种可调节压力的高压阀门、一只质量流量计式自动化灌浆系统已获批；以及一项发明专利：一只自动化制浆、灌浆及污水处理系统已申报正在审核中。

（五）小结

智能灌浆系统融合了制浆、灌浆、自动控制、大数据、互联互通、污水处理循环利用等先进技术，使灌浆走向自动化、信息化、阳光化、可靠化、高效化及绿色环保，提升了施工形象，简化了管理流程，保证了施工质量。

智能灌浆的研发与应用，是未来灌浆的发展方向，应用前景广泛。

## 结语

两河口监理中心在两河口水电站建设过程中针对各项技术难题积极组织各方探寻解决办法，并参与各项关键技术研究，在各项创新技术应用过程中充分发挥自己的监理职能，成功在两河口运用了智能大坝、智能灌浆等创新技术，取得了突出的成果及荣誉，可为其他工程监理企业管理创新提供借鉴。

# 项目严格把控的重要作用
## ——中缅油气管道工程缅甸段

薛东煜　　刘娜

中油朗威工程项目管理有限公司

**摘　要：**一个工程项目实体质量优劣有进度、质量、投资等多方面的影响，通过对中缅油气管道工程所在区域地理环境、人文情况、建设单位、监理单位、承包商等情况的全面了解，从人员构成、制度建设、体系建设、上岗培训和考核、机构设置等多方面进行对比分析。质量管理是个全方位统筹、规划的过程，不能简单拘泥于某一阶段。在项目整体质量管理的构架下，细致入微地把控，且通过不断发现问题、分析问题，改善并提高管理能力，使得项目质量达到预定目标。

**关键词：**质量；管控；精细化管理

施工项目的质量控制是从工序质量到分项工程质量、分部工程质量、单位工程质量的系统控制工程，也是一个由对投入原材料的质量控制过程的开始，直到完成工程质量检验为止的全过程的系统过程。在这个过程中，为保证工程质量，施工现场建设单位、监理单位、施工单位各方面的质量人员，从不同角度、不同方面对同一客体进行工程质量把控，更体现出了工程质量的重大意义。

## 一、工程概况

中缅油气管道（缅甸段）是继中亚油气管道、中俄原油管道、海上通道之后的第四大能源进口通道。它包括原油管道和天然气管道，可以使原油运输不经过马六甲海峡，从西南地区输送到中国，对保障能源安全有重大意义。

中缅油气管道（缅甸段）双线并行。中缅原油管道的起点位于缅甸西海岸皎漂港东南方的马德岛，天然气管道起点在皎漂港，终点位于中国瑞丽。

### （一）自然环境方面

管道在缅甸境内穿越热带荒岛、海沟海峡、滩涂水网、大型河流、丘陵冲沟、平原稻田、山区断崖、掸邦高原、原始森林，途经阿拉干沿海湿地、取道热带亚热带的多雨型高山峡谷、穿过高地震烈度区、热带红树林区、柚木林保护区、乌龟保护区等敏感点，沿线地质、地理环境复杂，各类地质灾害频发。

### （二）恶劣气候条件

缅甸境内管道沿线雨季期间雨量极为充沛，6—10月皎漂地区年均降水量达4000~5000mm，无法开展施工活动；3—5月期间气候炎热，管道沿线最高平均温度达40℃，局部地区可达50℃。

### （三）社会环境方面

项目建设期间缅甸处于军政府与民主政府的过渡时期，社会发展水平极度落后，社会依托条件极差。管道沿线道路交通较差，已有桥梁承载力低，难以满足施工和运行要求；缅甸缺乏大型施工企业，大型施工设备机具难以属地租用；油料、施工材料等难以充足供应；若开邦民族矛盾时常激化，缅北民地武与政府军的冲突频繁发生，为管道建设带来了诸多困难和不可预期风险。

## 二、组织机构

中缅油气管道（缅甸段）采用的是"业主＋监理总部＋3个监理分部＋EPC"模式（图1）。

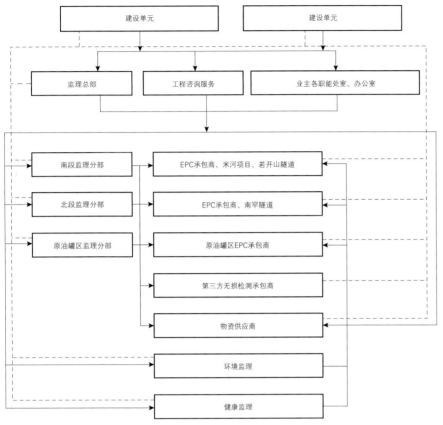

图1 中缅油气管道工程组织机构图

## 三、管理特点

（一）油气管道投资及"项目建管一体化"机制

原油管道工程由中国、缅甸投资建设，中石油控股。天然气管道由中国、缅甸、韩国、印度四国六方投资建设。每年召开董事会，建设期有所增加。

管道由建设单位负责从投融资到建设及运行管理，直至在缅天然气、原油销售等业务一体化运作。建设期间公司实施项目化管理，全员参与建设过程管理，提前熟悉工艺设备及流程。建设后期按地域设立三个管理处，人员有序分流，全面负责所辖区域的建设及运行准备工作，顺利实现了从建设向运行的过渡。建管一体化机制落实了"质量责任终身制"，提高了工作效率，保证了工程质量，为平稳生产运行创造了条件。

（二）业主组织编制标准规范，统一管理标准

根据本项目特点和需要，为更加严格管理施工质量，统一技术要求，对施工技术等整理了行业、企业标准、规范30项要求。

（三）监理总部管理文件经过业主审批并进行管理交底

业主审核并批准了监理总部的项目协调手册、监理规划等21个管理文件（中英文版），并要求在开工前及时完成编制、发放工作；监理总部在项目开工启动会上就项目主要管理文件进行了管理交底，使相关单位了解各项流程及审批，保证了项目管理工作的有序运转。

（四）引入国外独立第三方无损检测机构

通过国际招标确定印度SIEVERT和阿联酋EIL两家专业无损检测公司作为独立第三方无损检测单位，独立设置营地，独立开展工作。消除同体机制中承包商对无损检测单位的行政干预，确保了焊口检测评定的公正性和准确性。

（五）业主引入国际咨询公司德国ILF

在项目管理阶段，引入国际著名咨询公司德国ILF为项目提供咨询服务。ILF的咨询工程师在项目理念、合同管理、大宗物资质量控制等方面提供支持。ILF主要工作范围包括：QA管理和设计审查的咨询、合同管理咨询、定向钻施工咨询、海底管道施工咨询、滩涂地区施工咨询、山区施工咨询、站场施工咨询。

其中部分ILF咨询工程师在西线指挥部提供咨询服务，部分人员在现场提供咨询服务。

（六）监理机构引入外籍监理工程师

监理总部为全面提升管理水平，适应国际化工程管理需要，在合同协议没有要求的情况下，主动招聘外籍监理人员加入管理团队。高薪聘请印度无损检测专业工程师（具有美国无损检测协会NDT Level Ⅲ），定期、不定期巡视检查各无损检测承包商营地、底片储存、检测人员、底片质量等，出具无损检测报告。北段监理分部聘请三位泰国籍现场专业工程师（焊接、防腐、HSE）在各区段负责相关工作。通过与这些国际监理的交流和配合工作，提升管理水平，使项目管理逐渐与国际接轨。

（七）聘请无损检测专家团队对焊口进行复评

投产前，聘请国内无损检测专家团队对焊口RT底片进行复核。对发现的

**部分复核统计表**　　　　　　　表1

| 复核位置 | EPC承包商 | NDT承包商 | 复核焊口数/道 | 复核结果/道 | | 比率 |
|---|---|---|---|---|---|---|
| 1A标段皎漂地区和安地区 | 印度庞基劳德EPC承包商 | 印度SIEVERT检测承包商 | 9397 | 缺失底片 | 11 | 0.12% |
| | | | | 错评 | 16 | 0.17% |
| | | | | 无法评定 | 7 | 0.07% |

问题追踪整改，完成闭合。投产前完成100%复评，对缺陷超标焊口进行割口、返修处置（表1）。

（八）对人员资质、重点岗位严格管理

1. 评片员、审片员考试上岗

制定无损检测评片员、审片员考试上岗制度，对NDT承包商的评片员和审片员进行考试，尽可能消除了人为因素对评片结论造成的影响，同时促进管线焊接质量的提高。

2. 焊工、防腐工、补伤工考试上岗

对焊工、防腐工等进行考试上岗，且合格证书三方（主考人、监理代表、业主代表）签字并盖章后由监理总部统一发放。

考虑管道补伤对管线使用寿命的重要影响，对补伤工也实行考试发证制度。

3. 设备操作手考试上岗

对机械操作手证书做了统一规定。中缅项目机械操作手证书种类很多，有国家政府职能部门的；有设备生产厂家；有企业自己核发的；特别是对缅甸当地很多没有证书的机械手（缅甸没有统一规定），由EPC承包商培训后进行实际操作考核，并颁发上岗证书，避免随意上岗。

4. 监理多方面培训

业主在项目成立之初，组织统一的监理培训，聘请天津大学教师进行为期10天的国际工程项目管理高级培训，从项目管理角度提升整体监理水平。

监理总部根据工程不同阶段组织有关专家对工艺、阴极保护、电气、仪表、通信、SCADA系等各专业进行培训，并组织阀门生产厂家技术人员对现场监理

和承包商进行技术培训，通过一系列培训、交流，提高了施工水平，保证了总体施工质量。

（九）对附属设施加强监控管理

线路阴极保护、通信等附属设施在总的工程量中所占份额比较小，但这些管线附属设施专业性强，而且作用重大，本项目突出加强了这方面的管理，组织开展了这些附属工程的定期巡视检查、培训、交流会，普及相关知识，提出施工控制管理要点，保证了工程总体质量。

（十）对金口底片进行"四方"联合评定

对不能参与试压的连头口（俗称金口）专门制定"对不参与试压的连头口的施工质量管理规定"。每道金口的无损检测底片都实行检测单位、监理分部、监理总部、业主四方的三级评片员联合审核会签，确保金口质量万无一失。对问题底片对应的焊口进行复拍，不合格焊口进行返修，不留质量隐患（表2）。

（十一）采用"4M1E+底线式检验"质量管理

质量管理除采用传统的"人、机、料、法、环"（4M1E）质量控制措施之外，还引入了"底线式检验"措施：在管道投产前，引入专业机构对埋地管道进行防腐层漏点、管道埋深检测，整改发现的防腐层漏点；雇用专业智能检测公司对埋地管道开展智能测径，整改所有超标变形点；聘用无损检测专家团队实施底片复审，整改所有发现的焊口缺陷。

（十二）成立西线指挥部

西线指挥部由业主副总经理直接负责，以业主及监理总部、监理分部合署办公形式工作，重点管理国外施工承包商、控制性工程（如海沟）、码头施工及马德岛罐区施工等，第一时间发现并解决施工中存在的问题。码头施工是单独的专业承包商和单独的专业监理队伍。

（十三）聘请行业专家团队，成立工程现场督导办公室

业主聘请了3位管道行业资深专家现场办公，解决施工过程中碰到的技术问题，随时解决疑难杂症。聘请国内油气管道领域知名专家3人，指导并监督现场各方工作，提出建设性建议，工作直接向总经理汇报。

**金口统计表**　　　　　　　　　表2

| 施工标段 | 承包商 | 线路 | | | 站场 | | |
|---|---|---|---|---|---|---|---|
| | | 金口数量/道 | 一次焊接不合格焊口数 | 一次焊接合格率/% | 金口数量/道 | 一次焊接不合格焊口数 | 一次焊接合格率/% |
| 1A标段 | PLL | 56 | 17 | 69.60% | 12 | 0 | 100% |
| | 管道局（若开山区） | 21 | 0 | 100% | — | — | — |
| 1B标段 | 管道局 | 76 | 0 | 100% | 11 | 0 | 100% |
| 2标段 | 大港 | 17 | 1 | 94.12% | 4 | 0 | 100% |
| 3标段 | 大庆 | 12 | 0 | 100% | | | |
| 4标段 | 川庆 | 83 | 3 | 96.40% | 12 | 0 | 100% |
| 合计 | | 265 | 21 | 92.08% | 39 | 0 | 100% |

（十四）工程调度例会制度

在施工过程中，定期召开工程周例会、月度例会、监理例会等。每周召开工程调度例会，业主、监理、EPC承包商、检测承包商、设计代表参加，听取各方汇报，并对上次例会遗留问题闭合情况进行通报，重点分析进度、质量、安全问题。利用工程例会进行预控，在每周的工程调度例会上，监理总部提前分析工程施工薄弱环节和易出现质量问题的工序，研究解决办法，提出管理要求，促进了各承包商施工质量的提高。

（十五）严格把控工程进度

要求在每周工程调度例会中用P6做形象进度对比，出现进度滞后情况，业主和监理总部立即跟进，严格把控，要求各EPC承包商调配资源，保证工程进度不受影响。

在庞基劳德EPC进度严重滞后，资源投入不足，赶工措施不能落实，业主多次协调无果，进度无法保证按期竣工的情况下，通过合同谈判，将施工条件较为恶劣的若开山40km山区段交由管道局EPC承包商进行施工，将部分滩涂施工交由川庆EPC承包商进行施工。

（十六）提高合同管理能力，加强反索赔能力

业主聘请专业的律师事务所作为法律顾问，同时借助ILF咨询公司和监理总部的力量，按照合同，严格审查，尤其是索赔事件的合理性，对不符合合同要求的索赔请求，及时予以驳回，保障了业主的合法利益。在合同执行过程中，针对外国EPC承包商注重合同及索赔的情况，业主和监理总部更加认真、仔细和谨慎审核、回复索赔申请，在一直以来不被重视的合同管理的薄弱环节上，如合同执行、索赔时效、反索赔、合同

相关资料收集等都加强了管理。

在合同管理方面，业主以FIDIC银皮书合同条件为基础，针对工程具体情况和双方关注的问题签署了多项备忘录和会议纪要等，使得EPC合同更加完善，并具备很强的针对性和操作性。

（十七）保证竣工资料与工程同步

为了使竣工资料与工程同步，提前对竣工资料填报进行谋划，通过承包商模拟填写和多次组织会议讨论，规范填报格式和要求。施工期间，监理总部先后组织进行了4次竣工资料联合大检查，并组织召开了3次竣工资料专题会。通过现场检查和专题会，及时发现各承包商填写过程中的不规范之处，并召集各单位竣工资料负责人员召开讲评会，推广好的做法和经验，尽可能避免以往管道工程资料整理过程中的多次修改才能最终完成的通病，从而有效地促进了竣工资料填报进度，保证了竣工资料与工程基本同步。

（十八）规范化、流程化数据采集

按照业主相关要求，为使工程数据采集规范化、标准化和流程化，监理总部编制《施工数据采集管理办法》，并组织数据录入培训会，规定了流程，明确了责任，确保了数据录入了及时性、准确性、真实性和完整性。

（十九）采办管理

1.采办质量上实施"全过程链控制"措施

工程所需大宗设备材料的质量控制实施"全过程链控制"：首先，工厂制造阶段采用驻厂监造，保证设备材料生产过程质量受控；其次，物流运输过程采用"船—船直取""一步到位"等措施，减少吊装次数，避免吊装、拖运过程出现的损伤；最后，现场实施进场检验，

对所有运抵现场在安装或使用之前进行外观检验和（或）实验室试验，确保设备材料质量不出问题。

2.物流运输专项研究，规避项目建设风险

根据本工程在缅甸境内特点，开展物流运输专项研究，重点调研缅甸境内公路、铁路、河道现状，运输设备车辆能力，充分考虑道路基础设施差，现有公路路面较窄、桥涵设施简陋等特点，综合对比各种运输方式所需时间和相应费用，最终确定采用中国-缅甸（海运）+缅甸境内河运和公路联运输+铁路运输备用的方案，同时研究并制定了沿线中转站、内河运输码头以及沿线公路桥梁的修筑、加固和改造方案。通过上述物流方案的专项研究，规避了项目建设的风险，保证了工程的顺利实施。

3.严格控制甲乙供材料到场时间

为保证工期，在发生EPC承包商乙供物资资金匮乏资金链断裂，供货期限紧张情况时，业主召集组织相关供货商会议，替EPC承包商垫付货款，而后从EPC承包商主合同款中扣除，缩短支付时间，保证现场工程建设进度不受影响。

4.物资中转站管理

中缅油气管道全线共有7个物资中转站，其中一级中转站两个，二级中转站5个，单独招标中转站承包商，中转站国内外承包商5个。

制定"中转站监督管理办法""中转站管理实施及考核细则"，对各方职责进行要求，对物资中转站建设和日常运营管理统一要求，统一规范考核管理，制定统一标准，下发统一表单，制定统一检查、考核制度等，对物资管理执行统一的标准化要求。

注重强化安全教育，提高安全意识。坚持班前安全讲话，对前一天工作进行总结讲评，对当天工作进行布置。对缅甸当地员工进行岗前技术培训和安全教育，避免发生安全事故。

（二十）设计变更管理

针对业主方提出的变更令，调配各方力量，严格按照合同内的变更程序和变更要求执行，重点明确业主提出变更的工作范围的边界，清晰表述业主和承包商在变更前后的责任范围，避免了因责任不清导致的效率低下和争议。

严格进行变更程序管理，避免未批先干；重大设计变更组织进行现场调研，召开专题会议进行评审决定。如南塘河大峡谷、1号断崖。

# 四、中缅油气管道工程国内和国外对比分析

通过表3~ 表5对比后，可以看到：

（一）部门设置

1. 中缅缅甸段业主组织机构完整，部室人员配备齐全，充分考虑所在国政治、社会环境及项目特点，设置了前线指挥部、督导办公室等部门，成立专家团队、招聘外籍监理参与工程管理。

2. 中缅国内段业主现场项目部机构简单，管道建设项目经理部作为后方支持，进行项目群管理。

（二）人员设置

1. 缅甸段建设单位有105人，另外，在施工高峰期，监理总部和监理分部分别增派到总调度室和西线指挥部十余人支持其工作。

2. 国内段业主现场项目部仅20人，各个监理部借到项目部5人支持其工作。

（三）精细化管理

1. 缅甸段针对焊工、防腐工、补伤工、机械操作手资质审核，人员培训考试等有完整流程及检查制度，并且签字落实到位。

2. 对在总工程量中所占份额比较小，但专业性强、作用大的管线附属设施，突出加强了管理。

3. 多次聘请无损检测专业机构进行无损检测复查。

4. 引入外方承包商和专业咨询公司、外籍专业工程师，分布在业主及各参建单位，整体管理有效提升，避免了一些"不能管""不敢管"现象。

综上所述，在建设单位的严格要求下，监理单位在人、机、料、法、环各个方面做了了严格监督检查，并跟踪、落实到位，使得质量管理控制到位。高标准、严要求使得监理单位和施工单位时刻不敢放松心中的标尺，最终项目平稳投产，也获得了国家最高荣誉"鲁班奖"。

| 项目基本信息一览表 | | 表3 |
| --- | --- | --- |
| 基本情况 | 缅甸段 | 国内段 |
| 企业特点 | 四国六方合资公司，中石油控股 | 股份公司全资 |
| 管理模式 | 建管合一 | 集中建设 |
| 主要工程量 | 天然气管道784km Φ1016mm，X70 | 天然气管道1726km Φ1016mm，X80 |

| 业主管理机构差异一览表 | | 表4 |
| --- | --- | --- |
| | 缅甸段 | 国内段 |
| 现场管理机构 | 东南亚管道公司 | 现场项目部（设工程部、QHSE部、外协部、综合管理部4个部门） |
| 人员 | 建设期120人以上 | 现场17人+总部支持 |
| 现场办公室 | 皎漂办、木姐办 | 无 |
| 现场办职责 | 协调参建单位、企地关系 | 无 |
| 前线指挥部 | 中期设立独立的西线指挥部 | 无，主要在后方进行项目群管理 |
| 职责 | 督促印度庞吉劳德公司追赶进度 | 无 |

| 业主服务、监理、检测单位差异一览表 | | 表5 |
| --- | --- | --- |
| | 缅甸段 | 国内段 |
| 业主服务咨询 | 德国ILF / 8人 | 无 |
| 咨询职责 | 在项目理念、合同管理、大宗物资质量控制等方面提供支持 | 无 |
| 监理总部 | 朗威公司 | 无 |
| 监理总部人员 | 30人（含外籍监理4人） | 无 |
| 监理总部无损检测工程师 | 1人（印度无损检测工程师，美国无损检测协会NDT L3），定期巡检 | 无 |
| 无损检测单位 | SIEVERT公司和EIL公司 | 派普、佳诚、泰斯特等 |
| 评片员 | 由监理总部组织考试上岗 | 无考试 |
| 审片员 | | |
| 无损检测复检 | 业主组织高级检测人员复评，投产前完成100%复评，对缺陷超标焊口进行割口、返修处置 | 委托船级社飞检，对检测底片进行抽检，对缺陷超标焊口进行割口、返修处理 |

参考文献

[1] 项目工作总结，项目招标文件等。

# 三亚海棠湾国际购物中心项目管理+监理实践与感悟

徐忠英　　林金荣

浙江江南工程管理股份有限公司

摘　要：工程监理作为工程项目建设业务中的一个组成部分，经过多年的发展已经形成了一定的规模，并且取得了一定的经济效益及社会效益。但是随着建筑市场的快速发展，其运行过程中产生的不足也日益显现。如何在与国内外同行的竞争中立于不败之地，并得到长足发展，已成为我国监理企业面临的严峻挑战。根据市场的发展规律，工程项目管理是工程建设发展的大势所趋，是工程监理发展到一定程度的必然提升。所以项目管理模式的创新及发展战略，是监理企业必须要考量的重要方向。

关键词：项目简介；项目管理；项目监理

## 一、工程概况

（一）海棠湾国际购物中心一期项目占地面积 19.26 万 $m^2$（288.9 亩），总建筑面积 12 万 $m^2$，地下一层，建筑面积约 5 万 $m^2$（含人防），地上三层，建筑面积约 7 万 $m^2$，结构建筑高度约 18m，分 A、B 两栋主体建筑物，平面呈"海棠花"形状分布。项目于 2012 年 5 月 30 日开工建设，2013 年年底基本竣工，商业店面二次精装修到 2014 年 6 月完成，2014 年 9 月开始试营业。

（二）本工程结构体系为框架—剪力墙。基础采用天然地基上的钢筋混凝土梁板式筏型基础，地基基础设计等级为乙级。基础混凝土强度等级为 C40，地下一层剪力墙、柱为 C45；基础底板及地下室外墙抗渗等级为 P6；设计

±0.000 相对应的绝对标高为 6.5m，抗震等级为剪力墙三级，框架四级。主体结构共计 3 层，其中一层层高为 5.5m，二层结构层高为 5m，三层结构层高为 4m；1~3 层整个外立面为玻璃幕墙+局部铝板，屋面钢结构工程，包括 4 个大小不同的玻璃穹顶和 1 个 F 玻璃漏斗。

（三）工程特点：社会影响力大，质量目标高，是海南省重点工程，质量目标确保绿岛杯，争创"鲁班奖"；工程施工任务重，工期紧，从施工到试运营仅 26 个月时间；结构形式多样，钢结构造型复杂新颖，异型钢桁架结构跨度达 60m，高低差达 6m，钢网架，大面积单元式双层玻璃幕墙施工，整个建筑 1~3 层沿建筑物四周均为曲线型玻璃幕墙。

## 二、项目管理模式及管理团队工作内容

项目筹建阶段，建设单位国旅（北京）投资发展有限公司感到工程建设规模大，任务重，建设周期短，为了确保按计划完成建设任务，通过考察采取公开招标投标的方式，确定浙江江南工程管理股份有限公司（以下简称"公司"）为项目管理和监理单位。公司于 2012 年 2 月组建项目管理机构开始项目管理工作，项目管理团队的工作定位是：由项目经理、专业技术人员、管理工程师等组成的项目管理团队在工程前期、施工阶段、竣工验收及交付使用等各阶段，根据建设单位确定的项目功能定位、建设标准、设计方案、投资规模等进行计划、组织、控制和协调等管理和专业咨

询服务。项目管理工作范围包括项目的招标采购管理、设计管理、造价管理、工程管理。各阶段工作内容如下：

（一）招标采购管理

推荐合格供应商资源；与建设单位一起对投标单位进行考察、选择；起草招标文件，包括招标的工程技术要求、工程范围、样板样品、工程答疑；提供技术标的评审报告；提供评标定标的意见。对投标单位提供的材料样品进行封样留存。

（二）设计管理

研究设计单位提供的各类设计技术文件资料，及时提出审核意见，确保符合国家或当地政府主管部门审批意见，设计文件编制深度符合设计合同、设计任务书的要求。编制设计进度总控制计划并督促和检查设计进度，确保各阶段提交的图纸符合合同约定的节点时间，满足工程施工及办理各类证照的要求。审核设计概预算和工程技术资料，督促设计单位限额设计、优化设计，确保符合项目可行性研究报告和投资目标的要求。

（三）造价管理

依据批准的设计概算等成本控制要求实施投资管理，综合分析工程设计与施工过程中存在的各种问题，及时采取事先控制措施及其事后补救措施，防止各类额外费用的发生，严把签证关，将工程总造价控制在建设单位批准的投资目标范围内。具体工作包括负责审核总包模拟清单；对总包施工图进行重新计算；对施工单位提交的工程月进度款进行核查；核查现场发生的设计变更、洽商、签证及时签署意见；提供索赔、反索赔的初审意见和证据搜集；对各施工单位提交的结算资料进行审核。

（四）工程管理

编制项目管理大纲，制定工程建设总进度计划；提出项目实施过程中影响进度、质量及安全的各类风险因素预警报告；编制项目总体工作任务流程及各环节时点网络计划；制定总、分包之间合同界限划分方案，协助业主进行合同架构策划；提出项目信息传递流程的原则和方法；组织施工图纸会审，并对图纸中存在的问题及时进行整理与有关单位沟通，尽快解决；针对项目特点向建设单位提交工程重、难、特点及关键工序的施工质量监管措施报告；提供项目拟采用的重点材料、设备的名录及型号性能和各项指标以供业主参考；针对性地编制质量通病和施工潜在问题的薄弱环节控制报告，以及后期维修、设备更换保养等方面的潜在问题预控方案；提交进场材料、设备，以及工序交接隐蔽验收管理方案和流程制度；对四新（工艺、材料、技术、产品）以及重大技术措施应用方案递交咨询意见；收集整理各种管理类用表（日记、月报、往来文函件等）；整理进度、质量、安全管理类表单（各种方案、隐患通知单、整改单、处罚单、进度计划完成统计表、联系单）；整理经济类表单（工程付款审批表、付款台账、月进度工程量评价报告）；建立当地建设行政主管部门所要求的监督表、安全监督申报登记书及其他文件体系；建立质量技术保证体系所要求的各项审查表，监督评奖申优程序的执行检查；制定资料存、备档以及评先创优相关体系文件整理所要求的制度保障措施；制定各设备系统调试及联动调试计划，并组织有关各方实施；按城建档案馆规定标准及业主方要求审查并监督总包方按时整理并移交工程建设资料；编制工程分阶段、分部门（消防、

人防、卫生检疫部门等）验收计划，并组织协调内验（四方验收）、外验（政府有关部门），及时进行验收；编制工程移交方案，牵头总包及各参施分包方组建竣工移交工作小组，按要求向商业管理公司进行工程移交，在试运营阶段进行保驾护航。

## 三、项目管理成效

（一）原设计地下室局部为地下二层，由于采用了项目管理加监理模式，管理人员对勘察文件仔细审查，发现地下水位较高，如果按原计划中方案局部采用地下二层，将增加止水围护、降水等费用，并增加整个项目施工周期。通过向业主方及时提出合理化建议，取消地下二层，以节约投资、缩短建设周期。经过与设计单位、建设单位、各咨询单位多次开会讨论，最终采纳了公司的建议，事实证明取消地下二层是明智的选择，由于项目地处海边，原始地基全部为砂层，地下一层基础底板底标高再下挖30cm就能见到水，水平面与大海相通（图1）。

（二）主次入口钢结构节点（图2）。该建筑物地下建筑为二标独一单体，A、B之间由钢结构连通，形成一个整体建筑物；主入口最高处达26m、最低处达18m，高低差达8m，跨度60m，全部由钢结构完成，此钢结构节点最初按法国VP建筑设计师意向选用雪花节点（图3）。此节点为铸钢节点，主入口处达3000个之多。每个节点不尽相同，不可能采用一个模具批量生产。考虑到工期，项目管理部建议此节点采用圆柱形节点（图4），此圆柱形节点不同杆件的组装可现场自由调节，灵活机动，但

图1　地下室基础底板自然水面

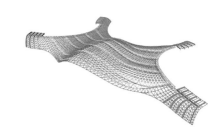

图2　主次入口钢网格结构轴测图

图3　雪花节点

图4　圆柱形节点

在美观上稍差一点，不如雪花节点那么漂亮。经过专家多次开会论证，采用此圆柱形节点既节省投资又缩短建设周期，最终同意了项目管理部的意见。

（三）在30m高的方形钢拱略微向前倾斜，钢拱表面焊接Ｖ撑，用它连接固定屋面钢桁架，其流畅的组合线条平缓地延伸至两侧的建筑屋顶，三角形板块不断重复而形成优美的三维空间结构，将曲面覆盖整个入口，屋面的玻璃和铝板有机组合，确保采光和遮阳，也使得视线上更加通透。

（四）屋面铝板全覆盖方案是法国VP设计所的初步方案，由于该建筑较多设备均放置在屋顶上，如排烟风机、正压送风机等。如果屋面采用铝板全覆盖，对今后的使用功能将打折扣。项目管理组提出屋面沿四周采用原设计铝板，中间部分大面积不用铝板覆盖，这样不影

响设备的通风效果；屋面四周挑檐采用原设计设置铝板不影响整个建筑外立面的设计效果及使用功能，大大降低工程投资，最终此建议得到建设单位的采纳。

## 四、项目监理成效

项目监理部的工作内容按照监理规范及监理合同进行施工阶段的监理工作，依据相关规范进行检查、验收、确认。由于与项目管理单位做到无缝对接，能及时充分理解建设方的意图，监理部的运转处于高效率状态，对工程的重难点把控到位，项目取得了较好的成效。

（一）由于项目采用项目管理加监理模式，总监理工程师既是总监又是项目管理副经理，充分做到了事前控制。在工程前期各种方案的讨论中全都提前介入，充分理解建设单位和管理部的意图，真正

做到了无缝对接。项目监理部的机构设置更加清晰，责任落实到岗，控制目标明确，事前控制充分发挥了监理人员的专业知识和经验，提出了很多建设性的建议。在方案讨论时，就提出了今后施工中可能存在的问题，并对问题进行了规避与消化。事中控制精准，在过程控制中，能充分把握住项目实施过程中的重难点。

（二）监理部充分发挥协调控制。由于本项目建设周期短，总、分包单位近20家，工作面较多，施工界面的划分尽管在项目初期管理部就做得比较清晰，但相互交叉作业，发生碰撞是难免的事情。各专业监理工程师相互协作，共同沟通，召开各专业协调会达30多次。现场协调处理的各种问题不胜枚举。项目过程中很痛苦，但最终结果达到了各方满意，交出了精品工程。

（三）本项目由于工期短，作业面宽泛。最高峰时施工人员达1000多人，项目监理部成立之初，就安排了专项安全监理人员，对总包进场的劳务班组、各分包单位进场的作业人员，牵头集中进行安全交底，岗前培训。过程中每周集中大检查，每日进行巡检，做到了安全施工可控。尽管项目作业点多、面广，无论是大型设备吊装、钢桁架吊装，还是大面积玻璃安装，由于安全监理的细致化，项目自始至终，未出现安全事故。

# 深圳科技馆（新馆）建筑工程项目监理工作经验交流

**常晓峰　史建南　陈春波**
重庆赛迪工程咨询有限公司

**摘　要：** 深圳市作为全国建筑行业推行全过程工程咨询管理的先行示范区域，为工程咨询（监理）单位提供了更宽阔的市场和平台，重庆赛迪工程咨询有限公司作为首批全过程咨询试点单位，在深圳市科技馆（新馆）建筑工程项目中得到了充分的探索和实践。针对全过程咨询模式下监理工作的开展、监理工作的延伸、监理对项目的主要管理情况和工作方法及取得的管理成效，本文做了相应的概括性描述和总结，供经验交流。
**关键词：** 模式；监理工作；经验交流

## 一、项目概况及特点

（一）项目概况

1. 深圳科技馆（新馆）项目列为深圳市新一轮重点规划建设的"新十大文化设施"之一，打造具有国际一流水平，代表城市形象，彰显深圳城市品位，突显深圳科技和创新发展的国际顶级特大型公益性科学中心。

2. 项目建设用地总面积 66000m²，项目总建筑面积 128500m²，地上建筑面积 85000m²，地下建筑面积 43500m²。

3. 项目定位

1）新标杆。建设具有全球影响力，体现深圳特色、湾区品格、中国范例、世界一流的创新型、体验式、现代化的科学探索中心和公众创新中心，成为深圳市和粤港澳大湾区重要的公共文化设施。

2）示范工程。科学传播与探究研学基地，创新教育与人才培养的可研平台，城市科技文化的地标性建筑，粤港澳大湾区及"一带一路"国际科普交流中心，努力打造为深圳高质量推进"双区示范"建设优秀工程。

（二）本项目监理工作特点

1. 本项目监理工作特点是全过程咨询模式下的监理，除履行传统法规、标准规范规定的施工阶段监理工作内容以外，还需履行全过程咨询合同约定的项目前期（可研阶段、设计阶段、招标投标、报批报建、三通一平、勘察等），以及项目竣工后运行监测阶段的部分工作；项目监理部的角色定位类似业主工程部（表1）。

本项目监理与传统监理对比表　　　　表1

| 序号 | 本项目监理 | 传统监理 | 备注 |
|---|---|---|---|
| 1 | 包含在全过程咨询之内 | 单独监理 | 模式 |
| 2 | 全过程：在施工和保修的基础上延伸到项目前期和运维阶段 | 主要是施工和保修阶段 | 实施阶段 |
| 3 | 协助工程招标核算工程量，包括总包招标，合同实施管理 | 主要是合同实施管理 | 合同 |
| 4 | 包括勘察、设计、施工的进度管理 | 主要是施工的进度管理 | 进度 |
| 5 | 延伸到设计阶段投资控制 | 主要是施工阶段投资控制 | 投资 |
| 6 | 延伸到周边环境信息的收集，如项目相关的道路建设完成情况，周边电力容量情况 | 项目内信息管理 | 信息 |
| 7 | 延伸到前期的安全管理：设计方案图纸安全审核、招标投标及合同文件安全审核等；场外的安全管理：如渣车从项目到渣场的安全管理等 | 场内施工安全 | 安全 |
| 8 | 协调多样化（传统的基础增加协调内容，包括了各建设职能部门以及街道、社区等） | 建设主管部门、业主和施工单位 | 协调 |

2. 全过程咨询模式下的监理与传统监理的区别。

## 二、项目总体策划（全过程、多专业、指导性）

（一）参与全过程咨询项目部编制项目管理总策划（大纲）。

（二）参与全过程咨询项目部编制项目总控计划，制定施工阶段总进度控制计划。

（三）参与全过程咨询项目部制定总投资计划，分解施工阶段年度投资计划。

（四）参与全过程咨询项目部制定项目招采总计划。

（五）参与制定全过程咨询模式的项目组织机构，制定项目监理部组织机构、安全组织机构、应急组织机构。

（六）制定项目的创优策划。

（七）组织编制项目监理规划、安全监理规划。

（八）对项目场地管理进行总体策划（总平面策划、建设监理单位办公区策划）。

（九）制定项目监理（管理）部的制度、办法、标准等。

项目制定 25 个现场管理制度，15个内部管理制度，16 个管理制度，危大工程安全管理制度，项目管理考核微奖惩标准，质量安全竞赛机制方案等。

（十）项目重难点分析

1. 项目建设定位及标准高，社会影响大。

2. 建筑功能复杂，专业系统多，项目建设管理要求高。

3. 建筑工程和展教工程协同建设实施，统筹协调难度大。

4. 建筑工程超大空间，属超限结构，建筑造型独特复杂。

5. 建筑工程新材料、新工艺、新技术应用多，项目设计与施工创新要求高。

6. 项目建设工期短，进度控制难度大。

7. 建筑工程单方造价低，投资控制难度大等。

## 三、项目监理工作的延伸开展

（一）三通一平

1. 跟踪政府土地整备，协助建设单位完成土地移交。

2. 场内林地砍伐、河道改签手续办理及现场管理。

3. 项目红线外供水、供电、市政道路接驳及进场手续的办理及施工监理。

4. 主要施工单位进场前场地的平整、围挡施工等管理。

（二）协助项目招采工作

1. 审核招标投标方案及技术文件。

2. 审核工程量清单。

3. 审核施工承包合同技术条款等。

（三）协助项目投资控制工作

1. 协助项目概算的审核。

2. 协助制定项目投资总计划、分解年度投资计划及年度投资完成情况的跟踪反馈。

3. 协助对施工承包合同价款的审核等。

（四）报批报建

1. 制定项目报批、报建计划。

2. 熟悉掌握相关报批、报建流程，走访相关部门，配合业主开展报批、报建相关工作等。

（五）场内场外

场地勘察监理（测绘、岩心验收、报告审核、作业安全、进度等）。

场外临设用地申请及手续办理，策划临设初步设计方案（构筑物及办公需求），临设搭建管理。

（六）外部环境的协调和配合

协调业主进行街道办事处、轨道办事处、河道、市政、环保、燃气、规划、交通、水务、电力、土地等相关方协调，解决项目推进中出现的各种问题。

## 四、项目质量管理及成效

（一）组织建立项目质量管理体系，制定项目质量管理办法及各专业监理实施细则；审核施工单位质量管理体系、施工组织设计、各专业施工方案、质量通病防治措施等，施工过程中严格检查执行情况，并督促施工单位持续整改。

（二）工程材料流程化系统管理

1. 管理流程

厂家（供应商）考察品牌报审确定—进场验收—见证取样复检—使用报审确定。

2. 系统化管理

所有材料每一步管理流程及报审资料均需在深圳市建筑工务署（建设方）开发的工程管理网上 OA 平台上限期完成报审，批准后才可进入下一步；纸质版报审资料档案室存档。

3. 材料进场

材料进场前施工单位或供应商提前提交材料样板，现场比对样板进行验收，样板封存于项目部专门样板间。

（三）样板先行

1. 项目上实行工法样板和工序样板制度，项目平面布置中将主要施工工法制作实体样板，比如地下室结构及防水、脚手架、水电井及管线、钢结构焊接等，放置在展示区供操作人员学习和比对。

2. 分部分项工程开工前，每道工序先进行样板施工，通过联合验收确认后，才可展开施工。如此能够有效地选择经验丰富、技术能力强的施工队伍和操作人员，以及提前消化图纸要求和发现解决施工中存在的问题，在实施过程中有的放矢。

（四）严格验收程序和举牌验收

1. 对专业（焊工等）的操作人员进行培训，并现场实操考试，合格后才可上岗。

2. 完成专项施工方案交底、技术交底等，记录检查通过后，才可上岗。

3. 检验批、分项、分部工程施工完成后，要求施工单位先进行自检，通过后书面报审，监理工程师才组织验收；验收发现问题限期整改复查，通过后才可进入下道工序施工；多次检查验收发现同类型问题将触发项目考核处罚。

4. 项目实行可视化举牌验收措施，验收过程拍摄影像资料留存，验收通过由施工、监理、业主方质量负责人员共同举验收牌确认。

（五）制定旁站监理方案，重点部位、关键工序严格落实旁站。

（六）监理部根据深圳市建筑工务署相关标准制定项目质量提升策划，包含："鲁班奖"优秀做法、优秀工艺做法、先进的工法应用、成品保护措施、学习培训交流等。

（七）监理部根据项目特点，制定各标段质量安全管理"打擂台"式竞赛机制，由不同标段施工项目部主导月度质量安全检查及管理（不影响各施工单位本身管理职责外的情况），设置了奖励处罚机制，激发项目质量安全管理的主动性等。

（八）项目部成立BIM工作室，配置BIM工程师，BIM技术在项目上施工阶段的应用，对复杂结构模拟施工、技术交底、管线安装碰撞检查等均起到了质量事前预控的良好作用。

通过一系列措施，目前项目的质量控制情况较好，获得2021年第一季度深圳市建筑工务署第三方检查评估第七名的成绩（共计53个项目）。

## 五、项目安全管理及成效

（一）建立项目安全管理体系，制定项目安全管理制度、考核管理办法、安全监理实施细则、危大工程安全管理细则、应急救援预案等；审核施工单位安全管理体系、各项安全管理制度、安全文明施工方案、危大工程专业施工方案、安全措施费用使用计划等，施工过程中严格检查执行情况，并督促施工单位持续整改。

（二）建立项目安全组织机构、应急救援组织机构，项目配置专职安全总监、兼职安全员，明确职责分工，所有人员"一岗双责"。

（三）监理部对内部职工进场全员进行安全教育、培训及交底，归档交底记录；监督检查、参加施工单位针对管理人员、工人的三级安全教育、安全培训、安全交底等活动，做到一人一档，留存相关记录文件。

（四）安全检查

1. 三层三级检查：即公司层、项目层和作业层，日巡查、周联合检查和月检查总结。

2. 节假日检查、灾害天气检查、季节性检查和工程转序检查。

3. 每月依据《建筑施工安全检查标准》JGJ 59—2011对项目进行安全隐患排查并打分考核。

4. 每月上下旬参与两次深圳市建筑工务署第三方安全巡查机构对项目的安全巡查评估，并参与全署项目排名评比。

5. 临电、消防等每日巡查，每月组织专项验收。

6. 施工机具、机械设备进场前举牌验收，通过后才可进场投用，一机一档归档资料；安全劳保用品、安全设施防护用品进场验收、取样复检，合格后才可投入使用。

7. 严查特种作业人员持证上岗，建立台账，动态更新管理。

8. 严格落实"动火作业审批""起重吊装令""有限空间作业令"制度，专业监管、监督作业。

9. 利用深圳市建筑工务署工程管理平台、e工务APP平台将安全检查问题上传，限期整改并闭合，消除安全隐患。

10. 项目智慧工地系统实施对项目情况进行可视化监督检查以及监测数据上传，监理部安全专人跟踪检查，起到了有效的安全预警作用。

（五）按照《危险性较大的分部分项工程安全管理规定》（住房和城乡建设部令第37号）严格落实项目危大工程的安全管理，组建危大工程安全管理档案。

（六）参考《清单革命》管理思想，项目以风险管理为导向，安全管理实行清单化管理，包含项目风险清单及风险管理计划清单，危险源辨识、风险评价及风险控制清单，项目（重要）环境因素清单，安全事故应急处置职责清单，危大工程清单等，要求管理思路清晰、内容全面、快速响应、处置有据。

（七）依据深圳市建筑工务署相关安全文明施工标准中优秀的推荐性做法，项目制定了安全文明施工提升措施，包含道路人车分流、标准化移动厕所、标准化防护栏、网格封闭化材料堆场等。

（八）严抓项目各参建主体责任落实，项目主要负责人员（项目经理、安全管理人员）到岗履职，每周对刷脸打卡考勤检查并汇报。

（九）做好施工总平面设施的策划和审查，本项目推行花园式标准化工地

1. 项目分阶段对现场进行了总平面布置的策划，包含：基础及地下室施工阶段、主体施工阶段、装修施工阶段等的道路、水电、消防、安全通道、加工场、材料堆场、大型机械设备、绿化场地、安全体验、安全培训区、应急集散区等总平面布置设施。

2. 项目以6S（清扫、清洁、整理、整顿、素养、安全）管理理念，推行花园式标准化工地，项目除施工设施以外的空余场地全部进行绿植覆盖，创造文明、整洁、绿色的工地环境。

（十）项目针对深圳市台风季节性影响现场安全的特点，制定了灾害天气四项措施清单，即预防日常施工检查清单、应急预警清单、应急响应清单、复工检查清单，建立了常态化的应对机制，制定应急预案和组织演练，有效地减小和控制了灾害天气对施工的影响。

（十一）考核机制

根据本项目特点及安全管理的重要性，监理部制定项目管理考核微奖惩标准，对项目管理中优秀、先进的做法和安全管理表现突出的人员进行奖励，对项目管理问题隐患多、整改执行差等情况进行处罚，激励和鞭策项目管理人员，提升管理水平和责任心。

安全管理成效：

1. 项目获得了深圳市住房和城乡建设局2020年第四季度"亮剑行动"红榜并登报表彰，即深圳市2020年第四季度安全文明示范工地（共10个项目）。

2. 项目获得了深圳市光明区2020年第四季度"绿色工地"等荣誉。

# 六、公司层面对项目监管并提供支撑保障

（一）后台技术专家团队对项目的支撑，包含重要技术方案（大型复杂钢结构）的审核支撑、异形曲面幕墙工程设计及施工方案审核等。

（二）利用全过程咨询平台，公司驻场设计工程师解决设计及技术方面的相关问题，引领监理部团队熟悉、消化图纸，协助解决工程施工阶段的技术问题。

（三）公司对项目所有入场员工进行全面（质量、安全等）的培训、交底，签订各级人员质量、安全责任书，廉洁承诺书，人力资源中心对项目人员进行合理配置，为项目管理约定了责任红线并提供了保障基础。

（四）公司项目管理平台实时对项目进行监管，随机抽查项目情况，发现问题、督办整改，有力地督促了项目管理的持续改进；网上技术平台为项目提供了知识库，包含公司体系化文件、管理制度、标准规范、操作指引、资料模板等。

（五）公司总工办、质量安全管理部每年度至少1次到项目现场进行培训交底及检查，实时对项目进行远程网上抽查；分公司每半年内到项目进行培训交底及检查，项目部每3个月进行1次全面自查，监理工程师每月进行1次工作梳理自查，每周列工作计划和执行情况报告；公司体系化、制度化的管理优势在项目上得到充分体现。

# 七、党建助力项目管理

（一）项目成立了临时党支部，成员为项目参建单位各级人员，发挥党员在项目管理及施工作业上的带头示范作用，党旗高高飘扬在工地上。

（二）策划和举办"党建+"活动，助力项目管理，包括："党建+安全""党建+防疫""党建+廉政"等。

# 总结

全过程咨询新模式在本项目监理工作体现的特点：全程参与、策划性强、工作面广、专业要求高、协调量大。本项目监理工作将继续提升完善、创新优化、严格履职，充分发挥各级人员的主观能动性和责任心，持续学习改进，实现项目的各项建设目标，为推进建设行业高质量发展交出优异的成绩。

# 监理服务向全过程工程咨询服务转型升级的思考

颜永兴

湖南和天工程项目管理有限公司

为进一步深化建筑业"放管服"，加快产业升级，增强咨询企业核心竞争力，促进建筑业持续健康发展，国务院办公厅印发了《国务院办公厅关于促进建筑业持续健康发展的意见》（国办发〔2017〕19号），这是中央政府层面首次针对工程咨询业发展方向发布的文件，也是2017年建筑业体制机制改革的最重要事件。同年，住房和城乡建设部发布《住房城乡建设部关于促进工程监理行业转型升级创新发展的意见》（建市〔2017〕145号），5月发布了《住房城乡建设部关于开展全过程工程咨询试点工作的通知》（建市〔2017〕101号），选择了8个省市和40家企业作为期两年的全过程工程咨询试点，正式开启全过程工程咨询服务模式新时代。随后，湖南省住房和城乡建设厅制定了《湖南省全过程工程咨询试点工作方案》和系列指导文件并大力宣贯推广全过程工程咨询服务模式，初步确定了试点地区、试点项目和试点企业，全过程工程咨询服务模式首次在湖南省落地生根。湖南和天工程项目管理有限公司（以下简称"公司"）有幸成为湖南省全过程工程咨

询第一批试点单位。两年来的试点项目运营，带给我们一些启示和思考。

## 一、对全过程工程咨询的理解

2018年至今，公司共承接了6个全过程工程咨询项目，在服务过程中发现各参建单位和各级主管部门对全过程工程咨询的理解、认知和定位是千差万别的，导致服务标准和服务评价产生分歧，无法形成能够适应市场的企业标准，对咨询服务业的发展很不利。根源在于对全过程咨询的概念理解不足，认识不统一。

《住房城乡建设部关于促进工程监理行业转型升级创新发展的意见》（建市〔2017〕145号）指出：一是全过程工程咨询，要以监理企业为主体和龙头；二是全过程工程咨询企业是中国今后监理行业的主要主体，也是中国监理行业的发展方向；三是全过程工程咨询，应立足于施工阶段监理，向施工阶段监理的上游（发展规划咨询，投资决策咨询，编制项目建议书及可研报告，设计、采购招标、造价咨询等）和下游（工程验收、审计、

结算、资料归档管理、项目后评价、投产后评估、运营咨询等）延伸和拓展；四是监理企业应积极参与政府和社会资本合作（PPP）等新型融资方式下的咨询服务内容；五是监理企业可采取跨行业、跨地域的联合经营、并购重组等方式发展全过程工程咨询；六是全过程工程咨询企业应是智力密集型、技术复合型、管理集约型的大型工程建设咨询服务企业，培育一批具有国际水平的全过程工程咨询企业。由此可见，建市〔2017〕145号文件结合国家政策导向，把全过程工程咨询的服务内容、组织形式、发展主体、业务范围、实施阶段、行业发展方向和目标系统性地进行了定位。当然，相关设计企业、勘察单位和项目咨询企业也可以发展全过程工程咨询，只要接受建设单位委托，实施一个土木工程的勘察、设计、施工、监理及其管理的全部或者主要部分任务，形成一套完整、适用、经济、安全、科学的过程咨询方案，落实建设单位的投资、工期、质量和安全意图即可。

国家发改委2005年颁布的《工程咨询单位资格认定办法》对工程咨询服务范围的8项内容做出规定，持续影响着工

程咨询领域，其内涵远远超过国外，咨询业务范围更广、更宽，为我国的咨询行业发展做出重大贡献，同时也造成了部分人的思维定式：不能结合新时代中国深水区改革的形式，不能结合2017年国务院、住房和城乡建设部发文的背景和文件精神深层次理解和消化全过程工程咨询的定义，从而在实际项目的演练中出现各种分歧和争论，甚至有抵制和歪曲行为。

全过程工程咨询行业应该首先立足于建市〔2017〕145号文件学习宣贯和实施全过程工程咨询，抓住监理主体，通过重组、联合并购等方式整合企业，在集约、复合、技术上提升内功，延伸项目前期和后期咨询，牢记服务质量初心，结合企业特点，积极引领和开拓市场。

## 二、全过程工程咨询的实施

全过程工程咨询高度整合咨询、勘察、设计、监理、招标代理、造价、项目管理等相关服务内容，不仅节约投资成本，也有助于缩短项目工期，提高服务质量和项目品质，有效地规避了风险。专业技术及项目管理团队较早介入工程中，更早熟悉建设图纸和设计理念，明确投资控制要点，预测风险，以便制定合理有效的防范性对策，避免或减少索赔事件的发生。

纵观建设项目的全生命周期，着重把控全过程工程咨询项目的4个关键阶段尤为重要：决策阶段、设计阶段、施工阶段和运维阶段。

### 1.决策阶段的实施

决策阶段要根据使用者需求对项目进行可行性研究论证、投资及融资策划。具体咨询工作细分为：调查研究、规划设计、方案比选、制定融资方案、编制可行性研究报告、环境影响评估风险评估、实施策划等。

决策阶段对于建设项目的影响非常重大，是全过程工程咨询的主要阶段。在这一阶段，全过程工程咨询人员要清楚地认识到使用者直接和潜在的所有需求，通过技术经济分析，将需求转化为设计方案，确定合理的建设规模、测算实现效益最大化的投资额度。

为了实现项目的最优目标，决策阶段设计人员和工程造价人员提前介入，了解项目的建设背景，充分领会项目的使用需求，通过前期调研完善设计、优化投资构成，设计人员和工程造价人员还应充分配合，不断优化方案设计，将有效的资源发挥出最大的作用，实现项目投资效益最大化。

### 2.设计阶段的实施

项目的设计阶段是将规划意图进行具体描述的过程，具体咨询工作包括：场地勘察、工程设计、造价咨询等。根据项目的复杂程度，可以进行两个阶段设计或3个阶段设计。设计阶段是把科学技术有效地运用到实际施工中，以实现项目最大经济效益的关键环节。

全过程工程咨询在项目的设计阶段将发挥关键的作用。首先，将决策阶段的方案设计充分落实到工程设计中，实现项目的使用需求。其次，在初步设计完成之后，将由工程造价咨询人员对设计成果进行核算，实现限额设计的同时，提出需要优化的节点。最后，确定设计文件后，工程造价人员要认真按照设计意图对施工过程中的设计变更进行测算，为实施过程中控制投资提供依据，起到设计与施工两个阶段的桥梁与纽带作用。

项目设计阶段的工程咨询是全过程工程咨询的重点，尤其对项目的投资控制、建设工期、工程质量和使用功能等方面，都起着决定性作用。全过程工程咨询公司要重视设计阶段的人员投入和强化管理，积极参与协调管理和技术讨论，实行多级审核制度。

### 3.施工阶段的实施

施工阶段是项目的实施阶段，也是项目从无到有的实现过程，具体咨询工作包括：工程采购（招标投标）、合同管理、工程监理、竣工结算等。在施工阶段，工程咨询的主要任务是监督、管理和控制。

施工阶段应当准确进行工程量计算，控制工程变更，依据合同督促施工进度，控制施工成本。我们充分发挥公司监理优势，严格控制项目的质量、进度和成本。

施工阶段工程咨询的一项重要内容是预测可能发生索赔的诱因，并制定有针对性的防范措施，最大限度地减少索赔事件的发生，沟通并处理施工阶段反映出的设计问题，动态控制投资。

### 4.运维阶段的实施

项目全过程咨询的最后一个阶段，也是检验项目是否实现决策目标的关键环节。全力做好项目的竣工验收工作、设备运营调试、线路管网贯通、消防人防复验等，以及竣工资料整理归档，固定资产手续完善及工程移交手续办理。

运维阶段工程咨询的主要任务是检查工程质量是否达到设计要求，复核工程投资是否合理。在投产或投入使用过程中验证项目的建设效果是否达到预期要求，同时与使用者结合并顺利交接。

## 三、建设单位对全过程工程咨询的评价

### 1.节约投资成本

采用咨询服务单位单次招标的方

式，使得其合同成本远低于传统模式下设计、造价、监理等参建单位多次发包的合同成本。此外，咨询服务覆盖工程建设全过程，这种高度整合各阶段的服务内容将更有利于实现全过程投资控制，通过限额设计、优化设计和精细化管理等措施提高投资收益，确保项目投资目标的实现。

2. 有效缩短工期

一方面，可大幅减少建设单位日常管理工作和人力资源投入，确保信息的准确传达、优化管理流程；另一方面，不再需要传统模式冗长繁多的招标次数和期限，可有效优化项目组织和简化合同关系，有效解决了设计、造价、监理等相关单位责任分离等矛盾，有利于加快工程进度，缩短工期。

3. 服务质量提高

弥补了单一服务模式下可能出现的管理疏漏和缺陷，各专业工程实现无缝链接，从而提高服务质量和项目品质。此外，还有利于激发全过程咨询单位的主动性、积极性。

4. 有效规避风险

全过程单位作为项目的主要负责方，将发挥全过程管理优势，通过强化管理控制，减少生产安全事故，从而有效降低建设单位主体责任风险；同时，也可避免因众多管理关系伴生的腐败风险，有利于规范建筑市场秩序。

## 四、思考与建议

1. 实行全过程工程咨询的优势

全过程工程咨询高度整合相关服务内容，不仅节约投资成本也有助于缩短项目工期，提高服务质量和项目品质，有效地规避了风险。同时工程咨询企业

较早介入工程中，更早熟悉建设图纸和设计理念，明确投资控制要点，预测风险。制定合理有效的防范性对策，避免或减少索赔事件的发生。全过程工程咨询在项目服务的各阶段有如下优势：

1）项目决策咨询服务阶段

咨询方都是专业人员，具备专业的知识、技能和经验，而且对于项目的理解与业主也会有所不同，及早介入不仅能将业主的长期战略贯彻到项目中，而且能够提供专业的意见，及时对项目策划过程中出现的偏差进行纠正。

2）项目设计阶段

不需要建设单位出面组织，设计单位就可以与工程造价单位自行协调配合，从设计阶段开始，做好控制投资，积极推进设计人员在符合初步设计总概算条件下优化施工图；由全过程咨询单位完成报规、报建工作，仅需建设单位配合，减少建设单位的协调工作量；可以充分调动各专业技术力量、加强各业务板块之间的合作与配合；将专业技术、造价控制、施工实施等方面的知识贯穿到设计工作的全过程。

3）项目招标投标阶段

项目在立项后就进行全过程咨询单位招标工作，建设单位只需进行一次招标，省去了工程勘察、工程设计、工程监理和造价单位的招标过程，大大缩短了整个项目的工期；全过程咨询单位可在其资质许可范围内承担投资咨询、工程勘察、工程设计、工程监理、造价咨询及招标代理等业务；全过程咨询单位进行施工单位或EPC单位的招标，在公正、公平和公开的前提下选择报价合理、技术实力强、信誉良好和管理水平较高的承包单位；合理编制工程标底和工程量清单，编制招标书和招标文件，确定

评标、定标的基本原则和方式，协助建设方签订工程合同；做好设备、材料的采购招标投标咨询服务工作。

4）项目施工过程

对工程质量、安全、进度、费用等进行控制；及时回答施工单位提出的各种问题，并积极协调好各利益方的关系；严格把控设计变更，并对项目的全过程投资进度进行分析，制定工程费用控制预案。

5）项目竣工验收阶段

核对工程是否符合合同条件和要求、是否符合竣工验收标准等；对项目建设过程中发生的变更、客观环境的变化等因素已经比较熟悉；工程咨询机构的结算、评估等工作更容易做到合理、公平、公正，也更容易得到项目各方的认可。

2. 全过程工程咨询实施过程中存在的问题

1）法律法规体系问题

现有法规和制度尚未形成体系，与行业内规程或地方规定有重叠或者冲突。

2）全社会对全过程工程咨询的认知

工程咨询概念模糊，与国际通行的"为投资建设提供全过程服务"的理念存在差异。各类投资主体的咨询意识普遍淡薄，并且行业的社会认知度不高。两年多的市场份额足以证明。很多建设单位甚至借全过程工程咨询的政策，非法设置招标文件，排斥潜在投标人，为心目中的目标企业"量身定做"，达成业主、施工一体的格局，咨询单位形同虚设。

3）行业发展的政策环境不理想

收费结构不合理，对行业发展起引导、保障和扶持作用的相关政策缺位。

4）市场发育不健全

市场分裂割据，行政干预与地方保

护现象较多，市场机制难以有效发挥作用，无序竞争现象严重。

5）系统化管理落实不足

咨询企业未形成一套科学完整的管理制度以保证企业的高效运转，对当前行业快速发展的大趋势不能及时进行服务标准的调整和技术体系的更新，未改进原有企业管理制度中不适应的规范、规则和程序。缺乏统一的行业自律管理组织，行业自律管理与服务不完善。

6）整体性服务能力不强

同属工程咨询范畴的勘察设计、监理、造价、招标投标等工作受到行业内多头监管，人为的分割未能有效提升咨询品质，导致服务不清晰、松散、碎片化，造成管理存在重复和交叉，使工程咨询服务产业链整体性不足。受我国特殊国情影响，目前工程咨询服务在长期的建设过程中逐渐形成了分阶段、分部的特点。根据项目的建设过程，工程咨询业服务的过程大体上可分为：项目建设前期的策划、项目的可行性研究、勘察设计、招标和评标服务、合同谈判服务、施工管理（监理）、生产准备、调试验收与总结评价等。现阶段工程咨询单位主要集中在投资策划与可行性研究阶段，设计阶段还没有成形的咨询服务，而施工阶段由监理公司来承担建设项目的质量和工期的监督管理工作，造价环节由造价咨询公司来进行，其他阶段由其他单位完成，工程咨询单位的工作分开开展，由此很难实现全过程的控制与管理。

7）专业配置合理性不够

咨询企业在工程技术领域人员配置充分，但在市场、商务、经济、管理和法律等方面的专业人才较为薄弱，从而缺乏相关领域的系统知识，降低了咨询服务质量，难以形成竞争力。

3.全过程工程咨询的意见和建议

1）监理企业向全过程工程咨询转型升级的几点建议

（1）抢抓机遇树信心

监理企业必须树立引领全过程工程咨询的信心。全过程工程咨询并不是一家企业单打独斗，而强调的是咨询、管理、组织，所有业务并不一定自己亲力亲为，而是利用系统科学的管理方法，组织、主导、整合各类咨询企业的业务，为建设单位提供系统、科学、超值的咨询服务。因此，作为监理企业理应自信，在企业管理方面我们自信、在咨询实践方面我们自信、在组织协调方面我们自信、在管理人才方面我们自信、在转型升级方面我们自信，这些自信是我们做好全过程工程咨询的信心和最好保证。

（2）针对劣势补短板

夯实人才基础。监理企业需未雨绸缪，加大优秀项目管理人才的培育，重点引进咨询工程师（投资）、注册规划师、建筑师、设备工程师、法律专业、信息管理人才，加大项目负责人的培育力度，打造一支既懂宏观又懂微观、既懂技术又懂管理，既有高智商又有高情商的复合型人才团队，成为全过程工程咨询的组织者、主导者和管理者，提升竞争力和生产力。

注重信息化建设。监理企业应加大科技投入，采用先进检测工具和专业技术软件、项目管理软件，通过信息化手段，借力"互联网+"，创新咨询管理手段和组织流程。把参建各方融入协同工作的信息平台中，实现数据快速收集处理，对后续事态进行预判，规避风险，科学决策。通过信息化手段，实现"精准设计、精确采购、精益管理"，提高咨询服务的技术含量，提供权威的信息和数据，彰显服务价值，发挥全过程工程咨询单位的主导作用。

完善企业组织模式。受限于现有业务类型，监理企业多采用职能式组织模式，不能适应全过程工程咨询服务模式下对多个咨询服务机构做指导起主导作用的工作模式，也不能体现监理企业的工程项目管理优势。基于国家对咨询业发展工程建设组织模式调整，监理企业类型结构要向多领域（专业）、多层次，各具核心竞争能力及特色，综合与专业相结合，资源能力互补的多元化企业组织模式转变。

（3）找准路径促转型

监理企业直接作为全过程工程咨询服务总承包单位开展业务。凭借其强大的内部管理、技术优势、市场环境主动出击，直接与建设单位签订咨询服务总承包合同，在自身具备的资质范围内从事相应的业务，把不具备的资质服务类别分包给其他咨询单位。

联合勘察设计等企业开展全过程工程咨询服务总承包业务。充分发挥其项目管理和人才优势，通过联合优势咨询企业补短板，开辟全过程工程咨询业务，进而积累经验，扩大影响力，向全过程工程咨询服务总承包企业迈进。

作为专业监理分包参与全过程工程咨询，提供菜单式咨询服务，为全过程工程咨询总承包单位提供有特色的专业咨询分包服务。

顺应政策育市场。尽管国家在政策层面推行全过程咨询服务，但目前受制于法规体系跟进不力、无可借鉴成功的全过程工程咨询服务经验、建设单位观望等不利因素，全过程工程咨询市场培育缓慢。因此工程监理企业应积极响应《关于促进工程监理行业转型升级创新发展的意见》（建市〔2017〕145号文）要求，在立足施工阶段监理的基础上，向"上下游"拓展服务领域，提供项目咨询、招标代理、造价咨询、项目管理、现场监督等多元化的菜单式咨询服务。同时要做好人才储备、理论学习，在转型升级方面提前谋划，企业间抱团取暖加大呼吁力度，借力行业协会加快政策推进，培育健康而广阔的全过程工程咨询市场，促进转型升级。

2）对政府层面的建议

政府层面应尊重"市场在资源配置中起决定性作用"的规律，让市场来选择全过程工程咨询的主导力量；完善招标投标制度，从法律层面解决承揽全过程工程咨询业务难题；出台全过程工程咨询的管理办法、实施细则等指导性文件；加快企业资质和职业资格梳理，促进工程监理企业向全过程工程咨询服务

企业的快速转型；加强政策引导和宣传，支持监理企业向全过程工程咨询转型发展；制定奖励机制，鼓励业主单位采用全过程工程咨询服务，培育全过程工程咨询服务市场。

3）对建设单位的建议

国家推行全过程工程咨询的最大受益者就是建设单位。因此，建设单位应顺应国家促进建筑业持续健康发展、完善建筑组织模式、推行全过程工程咨询的新态势，全过程工程咨询有利于工程科学决策从而效益最大，有利于合同管理从而规避风险，有利于项目组织从而管理高效，有利于目标管控从而顺利实施。建议建设单位从项目筹划开始就采用全过程工程咨询模式，从中受益。

4）对行业协会层面的建议

行业协会应研究并制定全过程工程咨询服务的收费指导标准、行为准则、

服务标准、控制重点及责任体系，促进有序竞争，提高服务品质，促进制度推行；营造"以大中型监理企业为主导，勘察设计企业为支持"的全过程工程咨询舆论氛围；组织监理企业开展学习交流，引导企业认清形势，提前谋划筹备，提高理论和业务水平；强化行业自治，推进全过程咨询服务企业诚信体系建设，建立信用评价体系，使监理企业加快步入全过程工程咨询的转型升级之路。

全过程工程咨询的号角已经在中国建筑业领域深化改革的春潮中吹响了，全面各条战线上的"工匠"们，应当积极发挥各自力量，为全过程工程咨询的理论研究、法制建设、规范和标准制定、市场监督、行业自律等宏伟目标而奋斗，打造国际一流的"中国咨询"企业，为"一带一路"建设做出贡献，为早日实现"中国梦"而"咨询"不息。

# 浅谈医疗建筑项目管理（监理）专业化服务（传染病医院或病区设计与施工）

## 王宁　刘伟

安徽宏祥工程项目管理有限公司

**摘　要：** 安徽宏祥工程项目管理有限公司是安徽省内唯一拥有房屋建筑监理甲级资质的"医院建筑项目管理"单位。公司专注开展医疗建筑项目管理（监理）业务，在安徽省内拥有近30多家医院整体搬迁或改扩建项目，同时还为省外民营专科医院提供全过程的项目管理（监理）服务。公司致力于医疗建筑项目管理领域专业技术的学习、总结、创新和提高，先后荣获2016—2017年度安徽省建设监理协会先进监理企业，2019年安徽省合肥市全过程工程咨询服务试点企业，2019年度安徽省项目管理行业先进项目管理（全过程工程咨询）企业。

**关键词：** 传染病医院；设计原则；规范要求；管控措施；专业化服务

医疗建筑相较普通民用建筑或公共建筑复杂性高，传染病医院除了遵循一般综合医院的基本医疗功能格局，在选址、总图布局、平面设置上需从分区、流线、通风系统、排水设施和污物处理等方面更加注意卫生管理。作为专业化项目管理（监理）团队，我们希望让更多的人了解传染病医院设计原则与要求，以及如何做好前期策划与建设期项目管理。

## 一、专业术语解释

传染病医院：诊断与收治患有国家传染病法规定传染病病种病人的专科医院。

筛选区：对病人进行初步预检筛分检查的区域。

接诊区：指门诊部内设立的办理并接收包括其他医疗机构转诊来的病人的区域。

负压病房：采用平面空间分割并配置空气调节系统控制气流流向，保证室内空气静压低于周边区域空气静压，并采取有效安全措施防止传染的病房。

负压隔离手术室：采用平面空间分割并配置空气调节系统控制气流流向，保证室内空气静压低于周边区域空气静压，并采取有效安全措施防止传染的手术室。

缓冲室：相邻空间之间安排设计的有组织气流并形成卫生安全屏障的间隔小室。

疑似病房：收留具有一定病兆的病人，对其做进一步留观诊断的病房。

隔离措施：根据各种疾病的主要传播途径，采取相应的隔离措施，包括接触隔离、空气隔离和微粒隔离（飞沫隔离）。

标准预防：标准预防既要防止血源性疾病的传播，也要防止非血源性疾病的传播，并强调双向防护，既防止疾病从病人传至医务人员，又防止疾病从医务人员传至病人。

## 二、传染病医院的设计与一般的综合医院建筑设计区别

传染病医院的建筑设计，应遵照控制传染源、切断传染链、隔离易感染人群的基本原则，并应满足传染病医院的医疗流程，即在病原、宿主和环境这三个方面切断传染链，控制传染源。现有相关医院建筑标准和规范包括《综合医院建筑设计规范》GB 51039—2014、《传染病医院建筑设计规范》GB 50849—2014、《医院隔离技术规范》WS/T 311—2009 等。

若想真正控制传染病，就要做到"四早"，即"早发现、早诊断、早隔离、早治疗"，依据传染病传染渠道（接触传播、空气传染、飞沫传染）进行有效隔

离，防止疫情进一步扩散。控制其进一步扩散的环节主要包括三大方面：控制传染源、切断传播途径和保护易感人群。

设计师在医院前期规划设计时，应考虑要从院感防控角度出发，坚持以国家标准规范为依据，秉持预防为主、洁污分开的原则，高度关注医院功能区的布局与流程设计，为医院重要科室的防控设计把好关。

《传染病医院建筑设计规范》GB 50849—2014 强制条款规定，新建传染病医院选址以及现有传染病医院改建及传染病区建设时，医疗用建筑物与院外周边建筑应设置不小于 20m 绿化隔离卫生间距；门诊部应按肠道、肝炎、呼吸道门诊等不同传染病种分设不同门诊区域，并应分科设置候诊室、诊室；急诊部入口应设置筛查区（间），并应在急诊部入口毗邻处设置隔离观察病区或隔离病室；住院部平面布置应划分污染区、半污染区与清洁区，并应划分洁污人流、物流通道，不同类传染病病人应分别安排在不同病区，呼吸道传染病病区，在医务人员走廊与病房之间应设置缓冲前室，并应设置非手动式或自动感应龙头洗手池，过道墙上应设置双门密闭式传递窗；保障系统中洗衣房应按衣服、被单的洗涤、消毒、烘干、折叠加工流程布置，污染的衣服、被单接受口与清洁的衣服、被单发送口应分开设置；其他要求中太平间、病理解剖室、医疗垃圾暂存处的地面与墙面，均应采用耐洗涤消毒材料，地面与墙面均应采取防昆虫、防鼠雀及其他动物侵入的措施。

采暖通风与空气调节方面，传染病医院或传染病区应设置机械通风系统；医院内清洁区，半污染区，污染区的机械送、排风系统应按区域独立设置。

在平面布局上（三区两通道），要明确功能分区，以及各部门洁污分区与分流。平面布局上，医疗区要明确划分出三区：清洁区、半清洁区或半污染区、污染区。流线上，明确划分出三种流线：清洁路线、半污染路线、污染路线。特别要重视医疗区内患者活动区域与医务工作人员工作区域的相对划分，减少洁净与污染人流、物流的相互感染概率。

楼梯的位置应同时符合防火疏散和功能分区的要求。主楼梯宽度不得小于 1.65m，踏步宽度不得小于 0.28m，高度不得大于 0.16m。通行推床的室内走道，净宽不应小于 2.4m。有高差者应用坡道相接，坡道坡度应符合无障碍坡道要求。

对卫生间的设置也有特殊要求：患者使用的卫生间隔间的平面尺寸，不应小于 1.1m×1.4m，门应朝外开，门闩应能里外开启；患者使用的坐式大便器坐圈宜采用不易被污染、易消毒的马蹄式坐圈，蹲式大便器宜采用"下卧式"感应冲水的大便器，大便器旁应装置助力拉手；卫生间应设前室，病人使用的公共卫生间宜采用不设门扇的迷宫式前室，并应配备非手动开关龙头的洗脸盆；采用室外卫生间时，宜用连廊与门诊、病房相接；男、女公共卫生间应各设一个无障碍间或另设一间无性别无障碍间；卫生间应设输液吊钩。

传染病医院的设计既要防止院区外污染环境对院内医疗区的干扰污染，更要防范院内污染源的管理和控制，不能造成二次污染。患者使用过的一次性用品、污梯、纱布、食物残渣、患者排泄物，以及检验用血样、体液标本、病理组织标本等均应根据不同传染病种采用有效对路、定点、定人收集，采取可靠的无菌消毒处理措施。各种人流物流要有明确的科学规划，采取严密的措施。医院出入口附近应设置救护车冲洗消毒场地。

传染病医院设计的难点在于：①局限污染区、就地消毒；②控制中间区、少受污染；③保护清洁区、不受污染。

## 三、传染病医院建设与一般医疗建筑建设的不同点

（一）建设管理模式存在不同，一般医疗建筑根据投资主体的不同，可以采取医院自建、政府代建和民营医院托管等不同方式；传染病医院一般多在政府参与下，由央企或地方国有建筑施工单位负责实施。

（二）建设及使用周期不一样，一般医疗建筑属于永久性建筑，根据建筑规

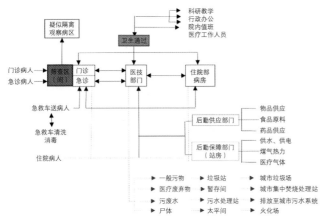

传染病医院基本流程图

模、工艺要求及环境影响，建设周期较长，基本在 2 年以上，使用年限一般按建筑使用有效期确定；传染病医院或传染病病区属于临时设施，建设周期非常短，一般不会超过 30 天，材料选择应考虑经济性、环保性和快捷性。比如，"非典"时期的北京小汤山医院，在疫情结束后便会拆除，不会有后续的用途。

（三）使用功能格局不一样，建筑平面的布置、设备的配置、建筑通风及室外环境的场地处理等都不一样；以综合医院为例，其建筑功能分为门诊、急诊、医技、住院、后勤保障系统、行政管理和院内生活七部分；门诊、医技、住院和后勤保障最为核心，由于门诊部和住院部均与医技部有着密切联系，因此医技部往往设置在门诊部和住院部之间；后勤保障部维持整个医院的运行，其他部分形成辅助，共同构成医院完整的功能格局。传染病医院也遵循以上的基本医疗功能格局，但是在选址、总图布局、平面设置上需从分区、流线、通风系统、排水设施、污物处理等方面更加注意卫生管理。

## 四、传染病医院设计与施工管控措施

（一）减少空气传播的感染措施

1. 做好医院通风系统的设置和气流控制工作

1）将换气次数控制在 12 ~ 15 次/h。

2）加强负压病房的建设，用于感染患者的隔离，防止含有病原体的气溶胶、灰尘、皮屑从感染患者传播到其他区域。

2. 控制好医院施工区的空气传播

1）对施工人员进行宣传培训；重点区域张贴警示性提示，区分不同人员的通道路线，以醒目的标识进行引导；指定专用路线进行湿式、覆盖运送建筑垃圾。

2）在医院项目施工时应用屏障措施，如封闭施工现场附近的所有病房门窗、修建防尘墙、关闭与施工现场邻近的通道；在施工区域周围设置适当的围挡物以防止粉尘扩散。

3）正对施工现场的病房安装过滤系统通风，并使房间内维持正压。

4）现场采用湿式施工，减少灰尘的产生；减少施工过程中水汽导致的危害隐患；扫尾工作应包括检查并清除可见的真菌或霉块、清理或更换空调过滤器、彻底清理施工区域等。

（二）减少接触传播的感染措施

做好手卫生工作是预防医院内感染最有效、最简单、最经济的方法，也是实行安全医疗的基本保障，能够最大程度保证医务人员的自身安全和患者安全。此外，通过控制物体表面污染也可以减少接触传播。

1. 洗手设施的类型、数量、可及性，洗手装置以及手消装置的自动化技术应用都会影响洗手依从率和感染率。与传统的肥皂和水相比，以酒精为主要成分的手消毒剂的作用更加有效，并且安装在床边的手消毒剂也可以有效提高手的卫生依从性。

2. 选择便于清洗的地板和家具，并且选择合适的家具覆盖物材质，定期进行适当的消毒。

3. 在医院项目施工时，应封闭施工现场与所有病房门窗，关闭与施工现场邻近的通道。

（三）减少水传播的感染措施

1. 医院供水系统应当设计和维持适当的温度和足够的压力，尽量减少停滞和回流，避免盲端管现象的发生。同时，也应该注重潜在的水传播污染源，例如水槽、水龙头、淋浴器、坐便器、装饰性喷泉、空调冷凝水以及冷却塔的水等。

2. 室内外给水、热水的配水干管、支管应设置检修阀门，阀门宜设在工作人员的清洁区内。地漏宜采用带过滤网的无水封地漏加存水弯，存水弯的水封不得小于 50mm，且不得大于 75mm；用于手术室、急诊抢救室等房间的地漏应采用可开启的密封地漏。

3. 传染病医院和综合医院的传染门诊和病房的污水、废水宜单独收集，污水应先排入化粪池，灭活消毒后应与废水一同进入医院污水处理站，并应采用二级生化处理后，再排入城市污水管道。传染病医院污水处理后的水质，应符合现行国家标准《医疗机构水污染物排放标准》GB 18466—2005 的有关规定。

（四）减少多途径传播的感染措施

1. 新入院的待检查患者，即使入院后马上进行病原体筛查，往往也需要 2~3 天后才能知道是否感染。所以，这个阶段医院可以利用单间病房对其进行隔离，防止病原体传至其他房间，而且单间病房也可以更加方便地清洁和去污，从而控制感染传播。

2. 洁净手术部平面必须分为洁净区与非洁净区，相互之间的联络必须设置缓冲室或传递窗；负压手术室和感染手术室在出入口处应设置准备室作为缓冲室，且负压手术室应有独立的出入口；当人、物用电梯在洁净区、电梯井与非洁净区相通时，电梯出口处必须设缓冲室。

同时，设计上要考虑患者就诊的医疗环境，同时也要考虑长期在此工作的医护人员的环境空间，尽量创造人性化的、绿色生态的室内外环境。

3. 医疗废弃物收集后密闭运送至城市的垃圾处理中心（或称"无害化处理

中心"），通过高温焚烧法、高压蒸汽灭菌法或化学消毒法等方式进行处理。

医疗污废水根据病毒特性及当地供应情况合理选择污水处理消毒措施，可适当延长污水消毒停留时间，以确保安全。常用化学消毒剂有液氯、次氯酸钠、二氧化氯等。

（五）各专业系统均需要配合建筑结构进行安装、搭建

给水排水、暖通空调、强电、弱电（包括信息网络设施系统）、医疗气体（尤其是氧气）系统均需要配合建筑结构进行安装、搭建。

紧急情况下，采用交叉作业，多项工序并行，尽可能缩短工期。

（六）注意建筑材料的选用

要分清楚临时性建筑与永久性建筑，过渡时期功能胜过其他价值取向。传染病医院建造过程中，必须先满足科室功能，材料选择应考虑经济性、环保性和快捷性。一些平时用的石材和幕墙玻璃等价格较高、施工不便的建材不应用在过渡用房上。应优先选择工业化、标准化、装配化的预制建材，与传统建造模式相比，装配式建筑将减少现场浇筑，更多地依靠在工厂内实现建筑部品的一体化制造，以装配化作业取代手工砌筑和现浇作业，能够大大降低施工能耗，减少传统施工的噪声和扬尘污染。

临时过渡性建筑用材必须保证绿色环保。过渡建筑往往建好即用，并没有太多时间给室内空间透气，若材料甲醛等有害物质散发过量，必然影响医护人员正常工作，甚至危害健康。

（七）满足临时医院建筑防火技术要求

国家应急管理部消防救援局下发

《发热病患集中收治临时医院防火技术要求》（以下简称《要求》），对由宾馆饭店、培训中心、疗养院等改造而成的临时医院建筑防火标准进行了明确，要求建筑耐火等级不低于二级，不得设置在建筑的地下或半地下，并对防火隔墙、防火门、安全出口、疏散门、疏散走道、室内消火栓、自动喷水灭火系统和火灾自动报警系统设置以及采用高层建筑改造的临时医院避难间、医用氧气供氧设备和管道防火要求等进行了具体规定。

《要求》强调，临时医院应按标准配置灭火器，为医护人员配备过滤式消防自救呼吸器，医院内消防应急照明和灯光疏散指示标志备用电源连续供电时间和楼梯间、避难走道、避难间等场所疏散照明的地面最低水平照度也应符合有关标准。

（八）采用新材料、新工艺可以缩短建设工期

模块化建筑是装配式建筑的一种形式，是将传统房屋以单个房间或一定的三维建筑空间为建筑模块单元进行划分，其每个单元都在工厂内完成预制且进行精装修，单元运输到工地进行装配连接而成的一种新型建筑形式。

模块化建筑的结构是由若干个稳定且自承重的空间子结构组成，通过适当方式沿竖向和水平方向进行拼接，最终形成完整结构体系。在建造方式上，模块钢结构的框架加工、围护制作、管线安装甚至精装修，均已在工厂完成，然后再将制作好的单元运输至现场进行拼装，因此在现场施工的周期可以压缩到非常短。

此次武汉火神山医院和雷神山医院建造时间非常短，因此采用了模块化建筑的形式，整个建筑是由若干个6m×3m的模块组合而成的。

建议广泛使用 IT 技术。从院外转运病人时，首先要利用网络传输病人数据资料，纸质病历有可能传播病原体。病人若有多种并发症，可以和其他医院专家远程联网会诊，提高救治效果。取消院内探视，改用远程影像系统。这些技术在小汤山医院就已部分采用了。

## 结语

一场突如其来的新型冠状病毒疫情，使大家切身感受到了疫情同我们每个人都息息相关，全国人民已经在党中央的号召下团结起来，齐心协力共同抗击疫情！作为建筑企业的我们，虽然不能像医护人员、解放军战士走上一线抗击疫情，但是我们也想承担起自身应有的社会责任，通过自己的努力为国家做一份贡献，坚定信心打赢这场人类保卫战！众志成城应对疫情，坚定信心、风雨同舟，科学防控。

参考文献

[1] 传染病医院建筑设计规范：GB 50849—2014[S]. 北京：中国计划出版社，2015.
[2] 综合医院建筑设计规范：GB 50139—2014[S]. 北京：中国计划出版社，2015.
[3] 通风与空调工程施工质量验收规范：GB 50243—2016[S]. 北京：中国计划出版社，2017.
[4] 洁净室施工及验收规范：GB 50591—2010[S]. 北京：中国建筑工业出版社，2011.
[5] 医用气体工程技术规范：GB 50751—2012[S]. 北京：中国计划出版社，2012.
[6] 医疗机构水污染物排放标准：GB 18466—2005[S]. 北京：中国环境科学出版社，2005.
[7] 王美晨. 阻灭疫情的建筑智慧：火神山、雷神山医院设计师专访[J]. 中国勘察设计，2020（2）：12-15.
[8] 王群，宋瑞丽，卢松. 如何从设计入手预防院内感染[J]. 医养环境设计，2019（5）.
[9] 朱红洲，张轶锋. 医院的临时过渡用房建设，不是你想象的那么简单！[Z]. 筑医台资讯，2017.

# 大型城市综合体项目监理创新管理探索与实践

田亚雄

上海建科工程咨询有限公司

摘　要：在超大型、复杂的项目建设监理过程中，监理单位以传统的管理模式，如"旁站、巡视、检查、验收"等措施难以满足项目正常顺利推进。因此，监理单位需改变思路、开拓创新，不断打磨自身素质，内外兼修，逐渐摸索适合超大型城市综合体项目的管理模式，提升监理的服务质量，也为后续监理企业转型升级从事项目管理或全过程咨询服务奠定基础。

关键词：监理人才培养；监理创新管理；二维码验收管理；BIM安全管理

随着国内城市化进程的加快，以及城市定位的提升，越来越多大中型城市均以高层、超高层的大型综合体项目作为城市开发的主角，建成后成为该地区的一张靓丽的名片。这类大型综合体项目基本分布在城市人流车流密集、繁华地段，且存在施工场地狭小、工期影响因素多、工程施工风险高、施工技术难度大等各种困难，再加上项目的业态多样化（集办公、酒店、商业、观光和文化休闲、娱乐等为一体），涉及的参建专业施工单位多达几十家（相互配合、立体交叉作业等），如何在安全、质量、进度、投资管控上协调一致，顺利推动项目建设、按期交付使用是一大难题。为了进一步扭转这种局面，监理企业必须有计划、分阶段地提前培养专业化的团队，发挥监理创新管理的优势为业主在前期准备、功能定位等方面出谋划策，

实施过程全面把控，如此才能得到建设单位的满意。

根据以往大型城市商业综合体项目的监理管理经验，在培养专业化监理团队、监理工作创新管理等方面，公司监理的青岛海天中心项目有了进一步提升。

## 一、培养专业化团队，提升监理服务质量

根据 2017 年 7 月，住房和城乡建设部发布的《关于促进工程监理行业转型升级创新发展的意见》（建市〔2017〕145 号），明确了我国工程监理行业未来的主要目标、任务等——"推动监理企业依法履行职责、引导监理服务主体多元化"，积极为建筑市场各方主体提供专业化服务。首先是培养一支专业化团队予以重任。目前大部分监理单位现场管

理团队往往是队伍年轻、经验贫乏、能力不足，导致工程实施中不能主动管理，在"超前计划、充分准备"的过程中不能为建设单位出谋划策。以公司承接的青岛海天中心项目为例，为了扭转这样困难的局面，监理项目部借助项目建设平台作为人才培养基地，通过内部有针对性的培训，短时间内培养了一批"专业扎实、全面发展、力求突破"的高素质、高水平监理人员。为保证人才培养目标顺利实施，监理项目部在人才培养过程中重点开展以下工作：

（一）知识微讲堂

人才的培养离不开知识的储备，除了自我学习和实践经验积累，参与培训是很好的学习和交流途径，监理项目部内部培训工作主要从以下四个方面展开。

1. 项目部内部组织至少每周一次"微讲堂"进行内部学习以及经验交流，

主要为建设单位前期准备，过程决策提供合理化建议等。

2.项目部诚邀集团公司、咨询公司的专家对员工进行专业技术培训。

3.根据大型项目的特点、难点，寻求类似项目管理经验，曾多次邀请具有大型项目综合体实践经验的外单位人员到本项目交流学习，也积极参加相关类似大型项目的考察学习，从而不断提升每一位员工的思考能力和工作方法。

4.本项目属于超高层，结构形式复杂多变（伸臂桁架＋核心筒＋劲性钢结构形式），施工难度大，项目采用BIM技术全程模拟控制，为了使监理人员熟练掌握BIM技术，曾多次组织远程BIM技术培训和内部模型搭建学习。

（二）项目监理月刊

积极向上的工作环境有利于激发个人的工作潜力，有利于项目部的整体发展。为创造一个良好工作氛围，创办了《项目监理月刊》，每位员工均为投稿人和编辑，锻炼思考、发现及编辑能力。同时《月刊》作为项目对外宣传、对外交流并传播正能量的载体，记录着项目建设历程，也是日后查阅信息的依据（图1）。

（三）科研创新

超大型城市综合体项目一般作为监理单位的人才培养基地，监理单位应重视科研、鼓励创新，将其视作监理工作质量保证和不断提高的有效推动力。建设过程中通过培养优秀人才，整合科技资源，搭建创新平台，提高年轻员工的专业技术和施工管理经验，提升项目部整体的创新能力和竞争实力。

结合项目进展情况，项目部内可针对工程上的施工难点和管控经验进行总结，通过微讲堂、头脑风暴等方式进行交流讨论，不仅提高员工自身专业能力，更培养了员工勤思考、爱思考的良好习惯，讨论的结果落实到相关责任人，最终以论文等形式发表。通过科研创新方式，将监理工作与科研活动紧密结合，不断督促促项目部成员提高发现问题和解决问题的能力，真正做到"来源于工程，应用于工程"，不但提高了项目部团队的创造力和价值，还能为整个工程项目的过程实施献计献策，真正提升了监理服务质量。

综上所述，工作中，培养一支专业

化团队的方式、方法及措施较多。如何快速、有效、全面提升监理服务质量，项目部形成了一整套完备的培训计划和工作计划，根据员工的年龄、专业、学历、工作经验等差异进行全面分析，对每一位员工进行职业规划，并在每一个阶段建立学习档案。为企业转型升级奠定坚实的基础。上述"微讲堂""监理月刊""科研创新"都是项目部人才建设的重要内容，同时也是项目部员工学习交流的主要手段。尤其是"微讲堂"，在这里"人人是讲师、人人是专家"。项目部员工通过对自身专业知识的深入学习并归纳总结后，每周轮流作为讲师对项目部全体员工进行专业培训，提高专业知识的领悟能力，同时锻炼自己的表达能力。这些培训举措，在青岛海天中心项目建设过程中取得了一定成效，并培养出一大批项目管理多元化的人才，为全程咨询服务做准备。

## 二、创新计划管理，确保进度目标

在大型超高层综合体项目实施过程

图1 项目监理月刊

中，参建的专业单位有几十家，由于各单位内部管理制度的差异，在计划制定上存在信息不对称，沟通不畅的问题，前期准备工作不充分、目标分解节点拖延等造成相关计划滞后。为了确保工期目标，监理应全局考虑项目整体计划安排，统筹规划参建单位组织管理部署。在青岛海天中心项目上监理项目部创新计划管理的举措，具体如下。

（一）成立项目联合计划部

为了保证计划的合理、有效性，避免造成计划准备不充分，影响工程正常连续实施，监理项目部在各单位支持配合下，成立了项目联合计划部。联合计划部由监理主持工作，召集建设、设计、监理、施工、造价等单位代参与计划部工作，对项目的施工、招标投标、设备/材料采购等计划统一协调、统一策划，并由联合计划部全程跟踪督促实施，对影响工程的重大事项，通过高层领导月度会形式进行解决，提高决策效率（图2）。

（二）推行"高层领导月度会议"制度

监理项目部每月组织一次月度高层调度会，各参建单位（集团）公司高层领导参加会议，由会议各方提出日常难以协调解决事项，各单位参会高层领导进行决策与资源调度，高效解决工程重大问题并部署下月重点工作（图3）。

## 三、借力 BIM 技术，促进安全管理

目前 BIM 建模与施工质量管理结合运用较多，但在安全方面的应用则相对较少。监理项目部重点利用 BIM 技术进行安全管理，这一创新举措在工程中得到良好的效果。在安全管理上主要应用于以下几个方面。

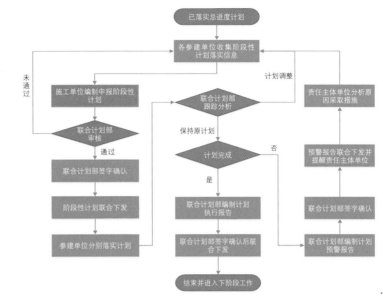

图2 联合计划部工作流程图

图3 项目月度高层领导协调会

（一）充分利用 BIM 模型的可视性辅助方案审核

对于一些结构体系复杂，受力节点难以判别的情况，通过建立 BIM 模型，在其施工之前直观地展现构件间相互关系和传力路径，为审核方案中的力学分析提供了便利，暴露了一些在二维图纸中难以发现的薄弱点，通过加强这些受力薄弱点，降低了施工中的安全风险。例如，通过建立贝雷桥 BIM 模型，直观地展现贝雷桥各部分构件的相互关系，发现受力薄弱点，为方案审核提供便利，从而降低了施工风险（图4）。

（二）利用 BIM 模型制作风险地图，促进安全有效管理

项目部根据现场施工实际情况，每周更新 BIM 模型，确保模型与现场施工形象进度一致，并根据施工组织计划在形象进度上标识每月重大危险源形成安全风险地图，有利于监理人员现场巡视以及与施工方教育交底（图5）。

（三）利用 EBIM 技术辅助验收，提高验收和施工方的整改效率

图4 贝雷桥按设计图纸建模

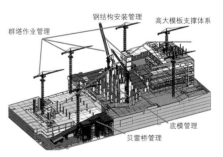

图5 较大危险源风险地图

在现场安全管理方面，监理员在发现安全隐患时通常以签发通知单的形式通知总包整改。但这一方式具有延时性，为了弥补这一弱点，海天中心项目部利用EBIM平台进行施工安全管理，监理员在巡视过程中发现问题后，第一时间在EBIM平台上发布，平台即实时通知总包相关负责人，大大减少了中间等待的环节，提高了安全隐患解决的时效性。

## 四、创新质量管理模式，确保过程精品

工程质量不仅关系到国家社会的发展，也关系到人民群众的生命和财产安全，为此，建设过程中每一个环节都要重视工程质量。如何把好质量验收关，保证工程实施过程精品，公司在不断探索和实践。针对大型综合体项目工序复杂、材料品种繁多等特点，项目部根据《建设工程监理规范》GB 50319—2013中相关规定，除采取常规监理质量控制措施外，探索和实践了创新工程质量管控措施与同行业进行分享。

（一）监理交底及发布现场管理规定

为强化各参建单位现场安全、质量行为，规范工作程序，监理单位结合国家规范与地方标准及类似工程监理经验，针对不同专业、不同单位制定相应管理规定，并在进场后作业前进行质量、安全管理规定交底，确保各参建单位管理标准统一、程序相同，现场工作有序推进。如项目部编制并签署的管理规定有"整体式附着升降脚手架安全管理规定""整体式液压爬模系统安全管理规定""施工现场群塔施工安全管理规定""施工现场消防防火安全管理规定""幕墙安装安全管理规定""吊篮安装安全管理规定"等。

（二）三级举牌验收制度

监理单位为控制检验批一次验收通过率，强化验收人员责任心，避免质量人员不到场亲自验收或不验收直接报验监理的情况，要求分包自检、总包复检与监理单位验收均需验收人员在验收部位进行实体验收后举牌，验收牌上明确验收时间、部位、人员、存在的问题、验收结论等，并拍照留存。避免施工单位偷懒或不验收直接报监理验收。

通过三级举牌验收制度，确保验收工序具有可追溯性，消除部分单位自检、验收人员敷衍心态，对自检或验收不严的人员进行处理，提高了各单位验收人员的责任心，从而提高验收效率和一次验收合格率。

（三）二维码辅助验收管理

大型工程的施工过程具有工序多样化、多专业交叉作业、施工作业面大等特点，信息化管理的价值也随之突显，监理项目部为了增强各专业施工管理的有效性和有序性，在项目内推广二维码验收管理，便于本专业及相关专业进行下道工序隐蔽提供有效信息，促进各专业间的检查与协调，了解各施工工序的验收情况，确保各单位及时、准确地获得信息。如幕墙、钢结构验收信息全部张贴在施工部位，任何作业人员均可扫二维码获取（图6）。

图6 幕墙、钢结构二维码标识

（四）质量、安全联合集中周检

监理项目部每周固定时间组织各参建单位管理人员召开现场会，并分组交叉（纵向到底、横向到边、不留死角）检查，对存在的质量、安全问题进行梳理，能解决的当场解决，不能解决的由监理单位编制检查记录签发至各责任单位，在规定时间内整改后"同角度、同部位"拍照回复，极大地提高了现场质量和安全管理效率。

## 结语

随着建筑工程往高、大、特、深、难的方向发展，当前监理的管理手段僵化、技术储备不足，只有高度重视人才培养，不断科研创新，培养一批高素质、专业化人才队伍，并不断创新监理管理模式，才能真正实现对现场工程质量、安全、进度的有效管控。

参考文献

[1] 丁烈云，龚剑，BIM应用·施工[M].上海：同济大学出版社，2015：170-230.

# 特色价值服务驱动创新发展理念的实践探索

王翠萍　邱佳

西安高新建设监理有限责任公司

我国已全面进入质量时代，加快经济结构升级，转变经济发展方式，优化调整产业结构，进一步深化改革开放，提升科技创新能力已成为社会经济发展的主旋律。新形势下，监理企业转型升级创新发展已迫在眉睫。下面就企业特色价值服务，驱动创新发展理念的实践探索做以分享。

我们定义的特色价值服务有三层含义：一是监理人一定要有超出常规的努力和付出；二是客户要有明显的获得感；三是建设项目某一核心目标的实现是监理人发挥了主导作用，并做出了重要贡献。

## 一、特色价值服务工作开展方向

以专业技术能力提升为核心，围绕信息化技术应用、系统、科学的管理方法和可视化展示手段展开，并强调客户感受、项目应用成效和监理人的主导作用和作为。展现监理人勇于担当的责任意识、过硬的专业技术能力、科学先进的管理手段，以及以客户为关注焦点的经营理念。在符合法律法规和合同约定的工作基础上，积极作为，提高站位，开阔视野，延展工作深度，体现监理价值，打造特色价值服务新高地，快速牵引企业服务品质驶入高质量发展的快车道。

### （一）BIM 技术应用

BIM 技术具有可视化、可计算、可分享、可管理的四大特征。目前工程项目应用已不是狭义的模型和建模技术，而是辅助项目规划、设计、施工和运维的技术创新和管理变革。

其主要应用于方案论证，可以更加形象、直观地沟通设计方案；图纸会审，通过模型有效发现设计问题，提高图纸效率；孔洞预留，施工前精准定位，降低沟通及返工的资源消耗；管线分析及净高优化；管线支吊架排布及分析，真正发挥管线综合成效；可视化交底，让一线管理及作业人员掌握技术管理要点，保证实体工程质量。

从其应用情况看，BIM 技术是通过模型及数字信息化应用，建立实现项目科学化、精细化管理的平台。未来 BIM 技术必将全面推开，监理当下的职能是控制和管理，转型升级后全过程咨询的核心职能更侧重于项目的统筹策划和管理，不掌握 BIM 技术管理工作将寸步难行，工作价值将大打折扣。目前 BIM 技术应用尚处推进阶段，监理企业和人员应提高认识，增强紧迫感，加快人员培养和项目落地应用，主动出击，找准切入点，抢抓项目管理话语权。

我们在 BIM 技术推进应用方面，一手抓人才培养，一手抓项目落地应用。

#### 1. 人才培养是基础和保障

一是公司 BIM 技术中心骨干，负责公司 BIM 技术应用研究和内部人才培养，着重对前沿技术研究、学习能力、多软件应用、建模精准度、熟练程度和管理能力等方面作培训。二是项目总监，其是项目落地应用的核心，负责总体管理和与参建各方的协调；要重点培养项目总监意识，统筹策划和管理能力。三是项目应用团队，注重专业搭配、专业技术能力和 BIM 应用实操能力。

#### 2. 项目落地应用是关键

作为监理方，并不一定要做全面建模，而需要进行全面协调和管理，让 BIM 在项目真正地落地应用，发挥其对于项目的价值。当下大多数建设单位已意识到 BIM 对于项目建设的重要意义，同时也迫于政策和项目评优等方面要求，已约定施工单位应用 BIM 技术，但由于其缺乏专业人才，监理方也避之不及，往往造成项目应用"两张皮"现象。

可见，监理在项目 BIM 应用管理方面大有可为。公司一方面在客户有明确需求的项目，积极作为，牵头组织制定项目 BIM 应用方案，组织 BIM 模型评审，监督技术交底等，实现项目 BIM 应用成效。另一方面在客户尚没有明确需求的项目，针对技术复杂难点，以监理为主导组织施工单位识别 BIM 应用价值点，如前期场平布置、地下综合管线复杂部位、设备用房、室外综合管线碰口、精装修样板间等推进应用，体现监理工作的前瞻性和预控性，优化技术方案，提升管理效能。

（二）安全风险评估

在日常安全巡视、专项检查的基础上，由监理单位协助项目监理机构阶段性对项目施工方、监理机构安全管理行为和现场实体安全生产状况进行全面、系统、科学、量化评估，并对存在的重点隐患督促落实整改，这是监理工作范围的延伸和深度拓展。

1. 预期效果

一是通过监理方的积极引导、主动作为，建立健全项目安全生产运行体系，规范各方安全生产管理行为，营造项目良好的安全生产氛围，保障项目安全生产；二是有利于发现系统性安全风险，解决项目安全管理顽疾，消除重大安全隐患，实现项目安全；三是能够有效弥补项目监理机构人员专业结构的局限性，增强一线人员工作自信，体现公司后台技术支持和人力保障；四是监理工作方法创新和安全专业人才培养需要。

2. 项目和时机确定应考虑的因素

1）开工建设阶段。万事开头难，项目伊始，高标准、严要求，建立良好的项目安全生产管理秩序，人员到位、制度建立并顺畅运行是保证项目后续顺利实施的关键。

2）工期紧的项目。各方对工期关注度高，往往会以牺牲安全为代价，这样阶段性进行安全评估，对各方进行提醒和警示就非常必要，同时通过系统性安全评估抓突出问题和重大安全隐患，确保项目安全生产。

3）工程技术复杂，涉及安全因素多的项目及工程阶段。

4）施工单位管理力量薄弱的项目。

3. 安全风险评估应结合项目管理特点和项目所处阶段适时进行，忌生搬硬套、千篇一律，应做好以下工作：

1）策划方案编制，着重针对性识别项目可能存在的危险源，制定评估内容、标准。

2）实施前就目的、内容等与建设单位沟通，取得其支持。

3）组建评估小组，落实人员分工，实施前做好交底。

4）现场实施专业、到位，记录、影像资料客观、翔实。

5）现场评估完成后就基本情况、存在的突出问题等与各方当场交流。

6）编制评估报告，要求其时效性强，评估意见明确，重点突出，问题描述准确到位。

7）对存在问题进行跟踪落实。

（三）二维码应用

当下手机已经成为每个人工作生活中不可或缺的物品，大家日常生活中也普遍习惯使用微信进行沟通，多数项目都会建立一个微信群，每天将巡视检查、进度统计等工作在群里进行反馈和汇报，得益于其即时通信的有效性和协同性，这其中微信二维码技术，目前在工程建设领域也有了一定的发展，其中具有一定代表性的草料二维码技术，其信息共享、高效监管和规范操作的特点适用于工程建设各场景。

如展示应用，扫一扫就可以看到项目概况；技术交底，让每个人都可随地查看；人员管理，再也不用每天确认"你是不是在这个工地"，还有消防临电管理、实测实量、隐患排查等，通过二维码已经实现多种管理行为的信息化展现。目前，绝大多数项目都是以施工单位为主导推进应用，监理作为项目重要管理方，也十分需要这种协同应用、信息共享、便捷操作的方式来辅助工作。

根据市政工程项目战线长，参建各方办公场所分散、沟通不便及施工单位整体管理力量薄弱等特点，公司前期着重在市政项目试点应用。应用点主要集中在项目整体状况的动态反映（每周），以及管网工程沟槽开挖、顶管危大工程的管控，后续将根据项目特点陆续在其他项目推进应用。

二维码，虽然只是一个简单的尝试，但是调动了日常工作的积极性，对项目管控的整体思考，不断激励着我们作为一名项目监理人的初心与责任，相信后续实施过程中，也将在企业服务特色展现中发挥巨大作用。

（四）绿色建筑监理

国务院《关于进一步加强城市规划建设若干意见》，明确提出了创新、协调、绿色、开放、共享的城市发展理念和适用、经济、绿色、美观的建筑方针，开启了我国绿色建筑发展新阶段。2018年住房和城乡建设部组织全面修订了《绿色建筑评价标准》，极大丰富了绿色建筑内涵，建立了完善的绿色建筑评价标准体系。国家八部委于2020年7月联合发布了《绿色建筑行动方案》，提出了明确的绿色建筑工作目标、要求和具体内容，随后，各地绿色建筑行动方案纷纷出台。至此，绿色建筑发展已从政策制度及标准体系的顶层设计全面转入推进实施。监理企业和广大从业者应加快政策制度研究和相关标准的系统学习和应用，履职尽责，为项目绿色建筑目标的实现做出贡献。

公司绿色建筑特色价值体系，主要包括以下两个方面：

1.公司层面技术研发团队工作职责

1）政策制度研究和标准规范的收集和整理。

2）编制系统培训课件，开展不同层级培训。

3）组织编制相关工作标准和作业指导书，为项目工作开展提供支持。

2.项目监理机构主要工作内容

1）根据项目特点和所处阶段编制绿色建筑监理实施细则。

2）参与项目绿建策划方案的编制和评审，提出监理意见。

3）履行施工阶段监理审查、验收职责，并着重做好图纸会审绿建相关设计内容符合性审核，材料、设备节能环保性能参数的控制和验收，关键工序、系统节能性功能检测。

4）组织绿色建筑预验收，参与绿建专项验收。

（五）其他如实测实量、市政工程独立抽检、基于数据的应用等特色价值服务虽为常规的监理基础工作，但在实施内容的全面性、系统性，记录的规范性，数据分析应用等还有很大提升空间，公司旨在以特色价值服务为牵引，点亮常规工作，驱动价值提升。

## 二、运行机制

企业的目的就是创造和留住客户，监理企业用什么来创造和留住客户，用我们一个个项目特色的价值服务。可见，针对不同的项目、不同的客户关注重点、项目特点，特色价值服务应该是百花齐放，各具特色的。可以是新技术、新方法的应用，也可以是常规工作深度的拓展和延伸等，旨在激发活力，创新思维，提升能力，积极作为，为项目建设贡献监理智慧。

（一）首先由公司技术研发团队研究开发新技术应用方向、系统科学的工作方法，设计工作标准，制定工作制度，推出公司特色价值服务创新点作为引导方向，启发一线监理人员的创新意识和思维。

（二）"让听到炮火的人做出决策"，一线监理人员是和客户接触最多，最了解项目特点和客户需求，项目特色价值服务重点还是要发挥项目监理人员的主观能动性和创造性，由项目机构自主识别并确定项目特色价值服务创新点，制定策划方案并认真组织实施。其可以贯穿项目始终，亦可是阶段性的，着重要体现监理人的担当、责任和作为，并始终以项目价值最大化作为出发点和检验标准。

（三）加强意识引导、过程沟通和公司管理机构对一线项目工作支持，自上而下，统一思想，达成共识，设定目标，制定措施，稳步推进，着力打造项目特色价值服务着力点，保持企业长远发展原动力。

（四）组织开展培训交流及宣传活动，营造积极进取的工作氛围，建设企业向上文化，相互学习借鉴，启发思维，提升能力，共同进步。

## 结语

特色价值服务，驱动企业创新发展理念已在全公司深入人心并稳步推进，我们将不忘初心，以前所未有的改革姿态、服务精神，多措并举，努力打造企业特色价值服务之路，加快企业创新发展。

# 全过程工程咨询服务发展中的陕西探索

陕西省建设监理协会

按照国家发展改革委员会、住房和城乡建设部的部署，2017 年以来，陕西省积极探索，在房屋建筑和市政基础设施工程领域推进全过程咨询服务取得了阶段性成果。

## 一、推进全过程工程咨询服务发展的陕西认识

全过程工程咨询服务，是指对建设项目全生命周期提供组织、管理、经济和技术等方面的工程智力服务。包括项目的全过程管理以及投资咨询、勘察、设计、造价咨询、招标代理、监理、运行维护咨询等工程建设项目各阶段专业咨询服务。其特点：一是全过程，全生命周期提供服务；二是集成化，项目组织、管理、经济、技术等全方位一体化；三是多方案，局部或整体多种解决方案。

全过程工程咨询服务，是国家在供给侧结构调整背景下提出来的，是工程咨询类企业升级发展的需求。改革开放以来，陕西工程咨询服务市场化快速发展，到 2020 年底，全省具有资质的工程勘察设计企业 3189 家，招标代理 361 家、造价 695 家、施工 47804 家、监理 409 家。执业准入制的建立，促进了专业化水平的提升。随着综合性、跨阶段、一体化的咨询服务需求日益增强。与现行单项服务供给模式间的矛盾日益突出。破解矛盾，必须完善政策措施，创新服务方式，大力发展以市场需求为导向的全过程工程咨询模式。

推进全过程工程咨询服务整合碎片化管理，降低管理成本、提高工作效率，推动高质量发展。监理是重要方面，监理企业要争当主力军。向上下游拓展业务，使企业具有更大的发展空间和更大作为。要明确方向，凝聚共识，坚持监理制度自信、监理工作自信、监理能力自信和监理发展自信，逐步形成以市场化为基础，国际化为方向，信息化为支撑的工程监理服务市场体系。形成以施工现场监理服务企业为主体，全过程工程咨询服务企业为骨干，分工合理、竞争有序、协调发展的行业布局。

## 二、推进全过程工程咨询服务发展的陕西做法

2017 年 2 月《国务院办公厅关于促进建筑业持续健康发展的意见》（国办发〔2017〕19 号）下发，到 2020 年底，陕西先后经历了争取国家试点、组织调研、编制文件、多方推动和阶段性总结提高发展过程。

（一）建言献策，争取国家试点省份

2018 年 3 月，省政协委员提交"陕西省全过程工程咨询服务应列入全国试点省份"的政协提案。随后，省住房和城乡建设厅向住房和城乡建设部提出"陕西省列入全国全过程工程咨询服务试点省份"的申请。

同年 10 月 15 日，住房和城乡建设部办公厅复函同意。

（二）组织调研，编制试点系列文件

2018 年 3—5 月，陕西省建设监理协会组织开展全省调研。

全省 21 家企业（16 家监理为主、5 家造价为主），有不同阶段管理项目 100 个以上。具有提供全过程工程咨询服务的基本条件；项目 80% 以上是建筑类，个别是造价咨询、代建、BIM 咨询单项咨询服务，鲜有决策、勘察设计阶段项目管理服务，缺乏投融资类服务项目；调查包括部分造价企业，未涵盖勘察设计企业。据不完全统计，五年来，全省有不同阶段项目 300 余个，反映出陕西有一定的全过程工程咨询服务市场需求。

省住房和城乡建设厅 2019 年 1 月下发《关于印发〈陕西省全过程工程咨询服务导则（试行）〉〈陕西省全过程工程咨询合同示范文本（试行）〉的通知》（陕建发〔2019〕1007 号）。其亮点：一是充分吸纳试点省份各家之长；二是将全过程工程咨询归纳为四个阶段八项

工作，即决策、施工准备、施工和运维四个阶段，决策咨询、勘察、设计、采购、造价咨询、监理运维咨询、BIM 咨询八项工作；三是几个创新点：将运营扩充为运维，将 BIM 这一全咨工具定义为一项工作，收费办法采用单一费率方式；四是采用"1 +N"服务模式；五是采用表单方式明确项目管理服务内容。文件下发执行以来，总体反映良好。

（三）交流座谈，积极推进

2018 年 5 月 31 日，省建设监理协会召开经验交流会。300 人与会，10 家企业交流发言，项目现场观摩建设单位对施工准备、施工阶段项目管理服务相当满意，为全省提供了舆论准备。6 月 21 日，省住房和城乡建设厅召开座谈会。强调陕西已列入试点省份，省厅已把试点工作列入当年重要议事日程。11 月 30 日，省住房和城乡建设厅召开宣贯会，百余人参会，宣贯相关文件精神，6 家企业经验交流和表态发言，广联达软件做"数字时代智造未来"讲演。

2019 年 1 月 21 日，"陕西省全过程工程咨询项目推进会"召开，500 余人参加，4 家单位交流发言。3 月 29 日省建设监理协会召开专家委员会会议，贯彻国家发展改革委员会、住房和城乡建设部《关于推进全过程工程咨询服务发展的指导意见》（发改投资规〔2019〕515 号），形成以下共识：

1. 投资决策综合性咨询、工程建设全过程咨询分别由发展改革委员会、住房和城乡建设部负责指导，项目建造全生命周期人为划分成两个指导主体部门，减少矛盾方便工作。

2. "全过程工程咨询服务酬金可在项目投资中列支""鼓励投资者或建设单位根据咨询服务节约的投资额对咨询单

位予以奖励"是重要成果。

3. 涉及陕西省全过程工程咨询"服务清单""合同示范文本"内容的，一是编制过程已参照了"征求意见稿"，其主要内容已基本涵盖；二是收集"减少专项评价评估，避免可行性研究论证碎片化"等内容相关资料，修订"服务清单""合同示范文本"时增加。

4. 请各试点单位关注试点项目落地情况，积极争取。

同年 4 月 18 日，省建设监理协会召开碰头会，约 50 家企业报告了试点项目情况。4 月 19 日又召开"培训会议"，宣读省第二批试点企业名单做推进培训主旨报告，200 余人参会。6 月 18—21 日省监理协会举办操作实务与安全分析专题培训班，200 余人参加，有力地推进了试点工作。7 月 5 日，省"推进会"召开，200 余名代表与会。放映典型试点项目视频，现场观摩，反映了陕西省全过程工程咨询服务水平正在整体提高。

（四）下发试点方案，公布试点企业名单

2018 年 10 月，省住房和城乡建设厅下发《关于开展全过程工程咨询试点的通知》《陕西省开展全过程工程咨询试点实施方案》（陕建发〔2018〕388 号），健全管理制度，完善工程建设组织模式，为全国开展全过程工程咨询积累陕西经验。实施方案主要亮点是：一是探索委托方式，二是探索计费模式，三是确定试点项目。公布省第一批试点企业 20 家，其中：工程监理 12 家、勘察设计 5 家、招标造价 3 家。

2019 年 3 月 26 日，省住房和城乡建设厅公布第二批试点企业 70 家，其中，勘察设计企业 10 家，造价企业 27

家，监理企业 33 家。

7—8 月，省建设监理协会对 43 家试点监理企业进行摸底：

1. 第一批试点企业全过程工程咨询试点工作开展得有声有色

9 家第一批试点企业全部申报确定了试点项目，具有真正意义的全过程工程咨询服务项目，从勘察设计直至验收交付，都由监理为主的企业提供服务。

试点项目管家性、典型性特征突出：建设单位满意度普遍较高——"好管家"，项目都具有一定规模，且时间紧任务重——具有全过程工程咨询项目"典型性"。

2. 第二批试点企业试点项目申报确定等试点工作参差不齐

省建设监理协会推荐上报的第二批试点企业 34 家，具体是：3 家企业仅申报确定 6 个；3 家企业会尽快申报确定；6 家企业因项目规模较小、涉密等 7 个项目暂不列入；5 家企业正在跟踪 7 个项目；3 家企业还没有项目，另有表示积极参与；其余 15 家（占比 35%）积极性较差。

全过程工程咨询试点监理企业及项目实施情况为 23 个监理企业，服务 50 个工程项目。

（五）运用信息化，形成新业态

首先，企业全部或部分采用信息化手段，为全过程工程咨询服务提供了技术手段。

其次，《陕西省全过程工程咨询服务导则》中单列 BIM 咨询，有效地促进了新业态健康发展。

最后，陕西目前有 3 款企业自主研发的监理信息化平台软件，即"筑术云""总监宝"和"金监理"，应用效果良好，信息化平台应用正在逐步深入。

陕西省全过程工程咨询试点企业及项目一览表　　　　　　表

| 序号 | 咨询试点企业 | 序号 | 试点项目名称 | 规模/万m² | 投资/亿元 | 备注 |
|---|---|---|---|---|---|---|
| 1 | 中国建筑西北设计院/监理公司 | 1 | 西安市幸福林带 | | | 全国试点PPP |
| 2 | 西安普迈项目管理有限责任公司 | 2 | 西安国开行数据中心 | | | |
| | | 3 | 心悦佳苑 | 一期12 | | |
| 3 | 西安高新建设监理有限责任公司（万隆金剑） | 4 | 西安环球中心 | 40 | 27 | 联合体 |
| | 西安高新建设监理有限责任公司 | 5 | 西安高新区市政配套设施 | | 12.8 | |
| 4 | 中煤陕西中安项目管理有限责任公司 | 6 | 榆林职业技术学院体育馆 | 2.92 | 3.154 | |
| | | 7 | 陕西红杉铁路专用线 | 2×500万吨/年 | | 牛家梁、中鸡2个站 |
| 5 | 陕西诚信建设监理有限责任公司 | 8 | 国家战略油储备库 | | | 贵州省 |
| 6 | 西安天合项目管理有限公司 | 9 | 国家物资储备库（一期） | 12.8 | 5.3 | 泾阳开发区 |
| | | 10 | 榆林人民酒店 | 7.6 | 8 | |
| 7 | 西安建筑科技大学建筑设计研究院 | 11 | 华清学府城三期 | 21.6 | 4.5 | |
| 8 | 西安铁一院工程咨询监理有限责任公司 | 12 | 秘鲁利马地铁二号线 | | | 1.1亿美金的30% |
| 9 | 凌辉建设工程咨询有限公司 | 13 | 西安市公安局南建工程 | 28.5 | 11 | |
| | | 14 | 贵阳大数据中心 | 5.4 | | |
| 10 | 西安四方建设监理有限责任公司 | 15 | 援牙买加孔子学院教学楼 | 0.3 | 0.2924 | 联合体 |
| | | 16 | 援津巴布韦哈拉雷药品仓库 | 1.3 | 1.3 | 联合体 |
| | | 17 | 援卢旺达辛杜乔克县医院灾后恢复重建 | 0.76 | 0.85 | |
| 11 | 华春建设工程项目管理有限公司 | 18 | 西安航天基地产业园 | | 16.5 | PPP |
| | | 19 | 浙江省福田旧村改造 | 22 | 5 | 2018年12月18日中标 |
| | | 20 | 梓潼县全域旅游基础设施 | | 4.66 | 四川绵阳PPP |
| | | 21 | 青海湖国家风景名胜区保护设施建设 | 4.12 | 0.12 | |
| | | 22 | 西安市体育运动学校配套工程建设 | 1.47 | 0.66 | |
| 12 | 中国启源工程设计研究院有限公司 | 23 | 西安国际节能环保装备示范园（一期） | 5.38 | 3 | 高陵 |
| 13 | 陕西华茂建设监理咨询有限公司 | 24 | 陕西建筑工程职业技术学院新校区一期工程 | 11 | 4 | |
| 14 | 希格玛工程造价咨询有限公司 | 25 | 沣镐七里镇安置项目DK-2地块 | 43.7 | 10.83 | |
| | | 26 | 西安丝路国际会议中心（东区） | 16 | 38.2 | |
| 15 | 西北（陕西）国际招标有限公司、西北（陕西）国际工程管理有限公司 | 27 | 延安博物馆建设项目 | 6.33 | 6.88 | |
| | | 28 | 延安新区全民健身运动中心建设项目 | 16.6 | 13.68 | |
| | | 29 | 洛南县第二高级中学建设项目 | 13.7 | 4 | |
| | | 30 | 某新建大型引水工程 | 引水9000m³/a | 40 | |
| | | 31 | 秦汉和苑 | 70 | 37 | |
| | | 32 | 新筑新城二期 | 80 | 78 | |
| 16 | 陕西正衡工程项目管理有限公司 | 33 | 陕西正衡金融投资服务总部基地项目 | 10.2 | 5.6 | |
| | | 34 | 曲江文创中心项目 | 46 | 26.5 | |
| | | 35 | 凤鸣·溪园项目 | 18.5 | 4.68 | |
| | | 36 | 工科企业总部地基项目 | 10.2 | 6.2 | |
| 17 | 陕西万隆金剑工程管理咨询有限公司 | 37 | 华润置地西安曲江九里项目 | 50 | | |
| | | 38 | 西安康桥·悦蓉园一标段项目 | 15.2 | | |
| | | 39 | 远洋地产西安八家堡项目 | 7.86 | | |
| | | 40 | 曲江国际中学 | 15.4 | 10 | |
| 18 | 中联西北工程设计研究院有限公司 | 41 | 德令哈工业园综合服务区工程设计、管理项目 | 16.5 | 5.4 | |
| 19 | 西北综合勘察设计研究院 | 42 | 蒲城县洛滨镇移民（脱贫）搬迁安置点基础配套设施项目 | 0.14 | 0.69 | |
| | | 43 | 富县看守所建设项目 | 0.95 | 0.52 | |
| 20 | 西安众和市政工程监理咨询有限责任公司 | 44 | THE CITY项目 | 32 | | |

续表

| 序号 | 咨询试点企业 | 序号 | 试点项目名称 | 规模/万m² | 投资/亿元 | 备注 |
|---|---|---|---|---|---|---|
| 21 | 永明项目管理有限公司 | 45 | 大兴新区第二学校项目 | 1200人 | 1.68 | |
| | | 46 | 青海囊谦县智茶卡棚户区改造工程 | 2.24 | 0.79 | |
| 22 | 陕西兵器建设监理咨询有限公司 | 47 | 榆林博物馆、图书馆、展览馆项目 | 21 | 24 | |
| | | 48 | 北方融城项目10、11号住宅楼 | 2.14 | 0.66 | |
| 23 | 西安西北民航项目管理有限公司 | 49 | 丹凤通用机场改扩建项目 | 2B | 0.51 | |
| | | 50 | 韩城通用机场建设项目 | 4C | 2.1 | |

（六）总结提高，典型引路

2019年11月省建设监理协会组织召开阶段性总结会议，通报工作推进情况，宣讲"企业、项目阶段性总结指南"。布置《建设工程全过程工程咨询案例》编写工作，提出典型项目视频完成时间与成品质量具体目标要求。同年11月22日中国建设监理协会召开"工程监理与工程咨询经验交流会"，陕西省建设监理协会推荐的大会交流获得好评。

2020年5月，《建设工程全过程工程咨询案例》汇集陕西20家监理企业、24个项目的典型做法与经验，为陕西推行试点工作提供现实借鉴。

同年11月6日，陕西省加快推进暨试点总结会议召开，270余人参会。

省住房和城乡建设厅建管办张丹主任对加快推进提出了具体要求，要把准方向，抓住紧迫时机，及时转型，争取更大的发展与作为。

省建设监理协会顾问、中国监理大师张百祥做题为"陕西省建设监理协会全过程工程咨询试点工作总结与展望"的报告，从试点情况、存在问题、建议以及加快推进新业态的展望等方面进行阐述。

企业代表分别从"项目背景、开展过程、服务重点、难点以及思考感悟"等方面分享经验，为会议代表们奉上了"一桌营养丰富的大餐"。

# 三、进一步推进全过程咨询服务发展的陕西举措

陕西推进全过程咨询服务取得了阶段性成果，体会是：项目整体策划是前提，设计方案节约是最大节约，单列BIM咨询工作是根本所在，信息化平台是有力的推进。也存在问题：未组织学习宣贯《关于在房屋建筑和市政基础设施工程领域加快推进全过程工程咨询服务发展的实施意见》（陕建发〔2020〕1118号），各地市未制定相应操作细则。

试点企业工作开展程度参差不齐，"等靠要"思想严重，国有、国企资金新建项目未全面推行政府宣贯，媒体宣传基本缺失，真正具有综合能力的项目负责人严重不足。

如何从全过程工程咨询服务试点到面上推广，主要措施如下。

1. 继续加大对文件精神的学习与理解

要持续贯彻落实国家相关文件精神，特别是《关于在房屋建筑和市政基础设施工程领域加快推行全过程工程咨询服务发展的实施意见》：把实施范围——政府投资和国有资金投资建设项目原则上实行……采用工程总承包的项目，率先推行；项目委托方式——招标或者直接委托方式；取费方式——可按

各专项服务酬金叠加后再增加相应统筹管理费用计取等。

2. 提高各地市发改建设管理部门对全过程工程咨询新业态的认知水平

提高全省认知水平；企业主动作为；出台政策文件与落实项目间存在时间差，企业努力奋斗＋协会组织推进＋政策引导。

3. 典型引路，加快推进全过程工程咨询服务新业态

省建设监理协会要牢牢抓住典型项目引路，帮助会员单位发掘项目亮点，持续提升服务品质与内涵，通过多种形式加快推进陕西省全过程工程咨询服务新业态健康发展。

4. 适时出台陕西省全过程工程咨询服务实施标准、细则

国家发展改革委员会、住房和城乡建设部已经出台相关标准征求意见稿，拟运行一段时间后，再出台陕西省标准、细则。

5. 注重媒体宣传，扩大全过程工程咨询新业态社会认知程度

全过程工程咨询模式作为新兴事物，提高全社会的认知度至关重要。全过程工程咨询服务企业也要注重持续提高业务水平和实操能力，提升业主满意度，为建立与陕西建筑市场相适应的全过程工程咨询服务新业态增光添彩。

# 《中国建设监理与咨询》征稿启事

《中国建设监理与咨询》是中国建设监理协会与中国建筑工业出版社合作出版的连续出版物，侧重于监理与咨询的理论探讨、政策研究、技术创新、学术研究和经验推介，为广大监理企业和从业者提供信息交流的平台，宣传推广优秀企业和项目。

一、栏目设置：政策法规、行业动态、人物专访、监理论坛、项目管理与咨询、创新与研究、企业文化、人才培养等。

二、投稿邮箱：zgjsjlxh@163.com，投稿时请务必注明联系电话和邮寄地址等内容。

三、投稿须知：

1. 来稿要求原创，主题明确、观点新颖、内容真实、论据可靠；图表规范、数据准确、文字简练通顺，层次清晰、标点符号规范。

2. 作者确保稿件的原创性，不一稿多投、不涉及保密、署名无争议，文责自负。本编辑部有权作内容层次、语言文字和编辑规范方面的删改。如不同意删改，请在投稿时特别说明。请作者自留底稿，恕不退稿。

3. 来稿按以下顺序表述：①题名；②作者（含合作者）姓名、单位；③摘要（300字以内）；④关键词（2~5个）；⑤正文；⑥参考文献。

4. 来稿以4000~6000字为宜，建议提供与文章内容相关的图片（JPG格式）。

5. 来稿经录用刊载后，即免费赠送作者当期《中国建设监理与咨询》一本。

本征稿启事长期有效，欢迎广大监理工作者和研究者积极投稿！

## 欢迎订阅《中国建设监理与咨询》

《中国建设监理与咨询》面向各级建设主管部门和监理企业的管理者和从业者，面向国内高校相关专业的专家学者和学生，以及其他关心我国监理事业改革和发展的人士。

《中国建设监理与咨询》内容主要包括监理相关法律法规及政策解读；监理企业管理发展经验介绍和人才培养等热点、难点问题研讨；各类工程项目管理经验交流；监理理论研究及前沿技术介绍等。

### 《中国建设监理与咨询》征订单回执（2021年）

| 订阅人信息 | 单位名称 | | | | | |
|---|---|---|---|---|---|---|
| | 详细地址 | | | | 邮编 | |
| | 收件人 | | | | 联系电话 | |
| 出版物信息 | 全年（6）期 | 每期（35）元 | 全年（210）元/套（含邮寄费用） | | 付款方式 | 银行汇款 |
| 订阅信息 | | | | | | |
| 订阅自2021年1月至2021年12月，＿＿＿＿套（共计6期/年） | | | 付款金额合计￥＿＿＿＿＿＿＿＿＿＿＿元。 | | | |
| 发票信息 | | | | | | |
| □开具发票（电子发票由此地址 absbook@126.com 发出）<br>发票抬头：＿＿＿＿＿＿＿＿＿＿＿＿＿纳税人识别号：＿＿＿＿＿＿＿＿<br>发票类型：一般增值税发票<br>接收电子发票邮箱：＿＿＿＿＿ | | | | | | |
| 付款方式：请汇至"中国建筑书店有限责任公司" | | | | | | |
| 银行汇款 □<br>户　名：中国建筑书店有限责任公司<br>开户行：中国建设银行北京甘家口支行<br>账　号：1100 1085 6000 5300 6825 | | | | | | |

备注：为便于我们更好地为您服务，以上资料请您详细填写。汇款时请注明征订《中国建设监理与咨询》并请将征订单回执与汇款底单一并传真或发邮件至中国建设监理协会信息部，传真010-68346832，邮箱zgjsjlxh@163.com。

联系人：中国建设监理协会　王慧梅、刘基建，电话：010-68346832
　　　　中国建筑工业出版社　焦阳，电话：010-58337250
　　　　中国建筑书店　王建国、赵淑琴，电话：010-68344573（发票咨询）

《中国建设监理与咨询》协办单位

| | | | |
|---|---|---|---|
|  北京市建设监理协会 会长：李伟 |  中国铁道工程建设协会 副秘书长兼监理委员会主任：麻京生 |  机械监理 中国建设监理协会机械分会 会长：李明安 |  京兴国际工程管理有限公司 董事长：陈志平 总经理：李强 |
|  北京兴电国际工程管理有限公司 董事长兼总经理：张铁明 |  北京五环国际工程管理有限公司 总经理：汪成 |  中国电建 咨询北京有限公司 中国水利水电建设工程咨询北京有限公司 总经理：孙晓博 |  鑫诚建设监理咨询有限公司 董事长：严弟勇 总经理：张国明 |
|  北京希达工程管理咨询有限公司 总经理：黄强 |  中船重工海鑫工程管理（北京）有限公司 总经理：姜艳秋 |  中咨工程管理咨询有限公司 总经理：鲁静 |  赛瑞斯咨询 北京赛瑞斯国际工程咨询有限公司 总经理：曹雪松 |
|  中建卓越建设管理有限公司 董事长：邬敏 | 天津市建设监理协会 理事长：郑立鑫 | 河北省建筑市场发展研究会 会长：蒋满科 |  山西省建设监理协会 会长：苏锁成 |
|  山西省煤炭建设监理有限公司 总经理：苏锁成 |  北京方圆工程监理有限公司 董事长：李伟 |  京精大房 北京建大京精大房工程管理有限公司 董事长、总经理：赵群 |  PUHCA 帕克国际 北京帕克国际工程咨询股份有限公司 董事长：胡海林 |
|  福建省工程监理与项目管理协会 会长：林俊敏 |  广西大通建设监理咨询管理有限公司 董事长：莫细喜 总经理：甘耀域 |  湖北长阳清江项目管理有限责任公司 执行董事：覃宁会 总经理：覃伟平 |  GUOXINGGUANLI 江苏国兴建设项目管理有限公司 董事长：肖云华 |
|  江西同济建设项目管理股份有限公司 总经理：何祥国 |  正元监理 晋中市正元建设监理有限公司 执行董事：赵陆军 |  CSCEc 陕西中建西北工程监理有限责任公司 总经理：张宏利 |  临汾方圆建设监理有限公司 总经理：耿雪梅 |
|  吉林梦溪工程管理有限公司 总经理：张惠兵 |  山西安宇建设监理有限公司 董事长兼总经理：孔永安 |  DBCM 大保建设管理有限公司 董事长：张建东 总经理：肖健 |  HT 山西华太工程管理咨询有限公司 总经理：司志强 |
|  山西晋源昌盛建设项目管理有限公司 执行董事：魏亦红 |  上海振华工程咨询有限公司 Shanghai Zhenhua Engineering Consulting Co., Ltd. 上海振华工程咨询有限公司 总经理：梁耀嘉 |  BUREAU VERITAS SPM 上海建设监理咨询 上海市建设工程监理咨询有限公司 董事长兼总经理：龚花强 |  FLOURISHING WORLD 盛世天行 山西盛世天行工程项目管理有限公司 董事长：马海英 |
|  武汉星宇建设工程监理有限公司 董事长兼总经理：史铁平 |  胜利监理 SHENGLI PROJECT MANAGEMENT 山东胜利建设监理股份有限公司 董事长兼总经理：艾万发 |  山西亿鼎诚建设工程项目管理有限公司 董事长：贾宏铮 |  江苏建科建设监理有限公司 董事长：陈贵 总经理：吕所章 |
|  LCPM 连云港市建设监理有限公司 董事长兼总经理：谢永庆 |  山西卓越 SHANXI ZHUOYUE 山西卓越建设工程管理有限公司 总经理：张广斌 |  M 陕西华茂建设监理咨询有限公司 董事长：阎平 |  安徽省建设监理协会 会长：苗一平 |
|  合肥工大建设监理有限责任公司 总经理：王章虎 |  江南管理 浙江江南管理股份有限公司 董事长总经理：李建军 |  A 苏州市建设监理协会 会长：蔡东星 秘书长：翟东升 |  浙江嘉宇工程管理有限公司 ZHEJIANG JIAYU PROJECT MANAGEMENT CO.,LTD 浙江嘉宇工程管理有限公司 董事长：张建 总经理：卢甬 |
| QSH 浙江求是工程咨询监理有限公司 董事长：晏海军 | 甘肃省建设监理有限责任公司 Gansu Construction Supervision Co.,Ltd. 甘肃省建设监理有限责任公司 董事长：魏和中 | FZGBA 福州市建设监理协会 理事长：饶舜 | 厦门海投建设咨询有限公司 党总支书记、执行董事、法定代表人兼总经理：蔡元发 |

《中国建设监理与咨询》协办单位

| | | | |
|---|---|---|---|
| 驿涛项目管理有限公司<br>董事长：叶华阳 | 永明项目管理有限公司<br>董事长：张平 | 河南省建设监理协会<br>会长：孙惠民 | 建基工程咨询有限公司<br>总裁：黄春晓 |
| 国机中兴工程咨询有限公司<br>执行董事兼总经理：李振文 | 新疆昆仑工程咨询管理集团有限公司<br>总经理：曹志勇 | 河南清鸿建设咨询有限公司<br>董事长：贾铁军 | 北京北咨工程管理有限公司<br>总经理：朱迎春 |
| 河南省光大建设管理有限公司<br>董事长：郭芳州 | 中元方工程咨询有限公司<br>董事长：张存钦 | 方大国际工程咨询股份有限公司<br>董事长：李宗峰 | 河南长城铁路工程建设咨询有限公司<br>董事长：朱泽州 |
| 河南兴平工程管理有限公司<br>董事长兼总经理：艾护民 | 湖北省建设监理协会<br>会长：刘治栋 | 武汉华胜工程建设科技有限公司<br>董事长：汪成庆 | 湖南省建设监理协会<br>常务副会长兼秘书长：田英 |
| 华春建设工程项目管理有限责任公司<br>董事长：王莉 | 湖南长顺项目管理有限公司<br>董事长：黄劲松 总经理：黄勇 | 广东省建设监理协会<br>会长：孙成 | 运城市金苑工程监理有限公司<br>董事长兼总经理：卢尚武 |
| 郑州大学建设科技集团有限公司<br>总经理：詹昌春 | 广东工程建设监理有限公司<br>总经理：毕德峰 | 广州广骏工程监理有限公司<br>总经理：施永强 | 西安四方建设监理有限责任公司<br>董事长：杜鹏宇 总经理：周建新 |
| 重庆市建设监理协会<br>会长：雷开贵 | 重庆赛迪工程咨询有限公司<br>董事长兼总经理：冉鹏 | 重庆联盛建设项目管理有限公司<br>总经理：雷冬菁 | 重庆华兴工程咨询有限公司<br>董事长：胡明健 |
| 重庆正信建设监理有限公司<br>董事长：程辉汉 | 重庆林鸥监理咨询有限公司<br>总经理：肖波 | 四川二滩国际工程咨询有限责任公司<br>董事长：郑家祥 | 中国华西工程设计建设有限公司<br>董事长：周华 |
| 云南省建设监理协会<br>会长：杨丽 | 云南新迪建设咨询有限公司<br>董事长兼总经理：杨丽 | 云南国开建设监理咨询有限公司<br>董事长兼总经理：黄平 | 贵州省建设监理协会<br>会长：杨国华 |
| 贵州建工监理咨询有限公司<br>董事长：张勤 总经理：赵中 | 贵州三维工程建设监理咨询有限公司<br>董事长：付涛 总经理：王伟星 | 西安高新建设监理有限责任公司<br>董事长兼总经理：范中东 | 西安铁一院工程咨询监理有限责任公司<br>总经理：杨南辉 |
| 西安普迈项目管理有限公司<br>董事长：李三虎 | 内蒙古科大工程项目管理有限责任公司<br>董事长：乔开元 | 云南城市建设工程咨询有限公司<br>董事长：杨家骏 | 河北中原工程项目管理有限公司<br>董事长：王亚东 |
| 青岛东方监理有限公司<br>董事长：胡民 总经理：刘永峰 | 四川康立项目管理有限责任公司<br>董事长：蒋增伙 | 山西辰丰达工程咨询有限公司<br>总经理：孙爱峰 | 九江市建设监理有限公司<br>董事长：郭冬生 |
| 山东同力建设项目管理有限公司<br>党委书记、董事长：许继文 | | | |

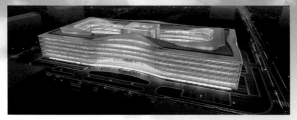

# 广骏监理

## 广州广骏工程监理有限公司

新浪总部大楼（获美国绿色建筑 LEED 铂金级预认证）

富力国际公寓（获中国建设工程鲁班奖）　　邯郸美的城（获河北省结构优质工程奖）

北京富力城（获北京市结构长城杯工程金质奖）　　智汇广场（获广东省建设工程优质奖）

国贸中心项目（2标段）（获广东省建设工程优质结构奖）

广州市荔湾区会议中心（获广州市优良样板工程奖）

联投贺胜桥站前中心商务区（获咸宁市建筑结构优质工程奖）

广州广骏工程监理有限公司成立于 1996 年 7 月 1 日，是一家从事工程监理、招标代理等业务的大型综合性建设管理企业。公司现有员工近 500 人，设立分公司 20 个，业务覆盖全国 20 个省、40 余个城市。

公司现已取得房屋建筑工程监理甲级、市政公用工程监理甲级、电力工程监理乙级、机电安装工程监理乙级、广东省人民防空工程建设监理乙级、广东省工程建设招标代理行业 AAA 级等资质资信。

公司现有国家注册监理工程师、一级注册建造师、注册造价工程师等各类人员近 100 人，中级及以上职称专业技术人员 100 余人，近 10 人获聘行业协会、交易中心专家，技术力量雄厚。

公司先后承接商业综合体、写字楼、商场、酒店、公寓、住宅、政府建筑、学校、工业厂房、市政道路、市政管线、电力线路、机电安装等各类型的工程监理、招标代理、造价咨询项目 500 余个，标杆项目包括新浪总部大楼、国贸中心项目（2 标段）、广州富力丽思卡尔顿酒店、佛山中海寰宇天下花园等。

公司现为全国多省市 10 余个行业协会的会员单位，并担任广东省建设监理协会理事单位、广东省建筑业协会工程建设招标投标分会副会长单位、广东省现代服务业联合会副会长单位。公司积极为行业发展做出贡献，曾协办 2018 年佛山市顺德区建设系统"安全生产月"活动、美的置业集团 2018 年观摩会等行业交流活动。

公司成立至今，屡次获得广东省现代服务业 500 强企业、广东省"守合同重信用"企业、广东省诚信示范企业、广东省优秀信用企业、广东省"质量 服务 信誉"AAA 级示范企业、中海地产 A 级优秀合作商、美的置业集团优秀供应商等荣誉称号。公司所监理的项目荣获中国建设工程鲁班奖（国家优质工程）、广东省建设工程优质奖、广东省建设工程金匠奖、北京市结构长城杯工程金质奖、天津市建设工程"金奖海河杯"奖、河北省结构优质工程奖、江西省建设工程杜鹃花奖、湖北省建筑结构优质工程奖等各类奖项 100 余项。

公司逐步引进标准化、精细化、现代化的管理理念，先后获得 ISO9001 质量管理体系认证证书、ISO14001 环境管理体系认证证书和 OHSAS18001 职业健康安全管理体系认证证书。近年来，公司立足长远，不断创新管理模式，积极推进信息化，率先业界推行微信办公、微信全程无纸化报销，并将公司系统与大型采购平台及服务商对接，管理效率大幅提高。

公司鼓励员工终身学习、大胆创新，学习与创新是企业文化的核心。而全体员工凭借专业服务与严谨态度建立的良好信誉更是企业生存发展之根本。

公司发展壮大的历程，是全体员工团结一致、共同奋斗的历程。未来，公司将持续改善管理，积极转型升级，全面提升品牌价值和社会影响力，为发展成为行业领先、全国一流的全过程工程咨询领军企业而奋力拼搏。

微信公众号

# 河南省建设监理协会

　　河南省建设监理协会成立于 1996 年 10 月，按市场化原则、理念和规律，开门办会，致力于创建新型行业协会组织，为工程监理行业的创新发展提供河南方案，为工程监理行业的规范化运行探索更加合理的治理机制。

　　河南省建设监理协会以章程为运行核心，在党的领导下，遵守法律、法规和有关政策文件，协助政府有关部门做好建设工程监理与咨询的服务工作，提高监理队伍素质和行业服务水平，沟通信息，反映情况，维护行业整体利益和会员合法权益，实施行业诚信自律和自我管理，在提供政策咨询、开展教育培训、搭建交流平台，开展调查研究，建设行业文化，维护公平竞争，促进行业发展等方面，积极发挥协会作用。

　　自建会以来，河南省建设监理协会秉承"专业服务、引领发展"的办会理念，不断提高行业协会综合素质，打造良好的行业形象，增强工作人员的业务能力，将全省监理企业凝聚在协会这个平台上，引导企业对内相互交流扶持，对外抱团发展；引领行业诚信奉献，实现监理行业的社会价值；大力加强协会的平台建设，带领企业对外交流，同外省市兄弟协会、企业沟通交流，实现资源共享、信息共享，共同发展；扩大河南监理行业的知名度和影响力，使监理企业对协会平台有认同感和归属感；创新工作方式方法，深入开展行业调查研究，积极向政府及其部门反映行业和会员诉求，提出行业发展规划等方面的意见和建议；积极参与相关行业政策的研究、制定和修订；推动行业诚信建设，建立完善行业自律管理约束机制，规范会员行为，协调会员关系，维护公平竞争的市场环境。

　　经过 20 多年的创新发展和积累完善，现已形成规章制度齐备、部门机构齐全的现代行业协会组织。协会设秘书处、专家委员会和诚信自律委员会，秘书处下设综合办公室、培训部、信息部和行业发展部。

　　新时期，协会在习近平中国特色社会主义思想的指引下，秉承新发展理念，推动高质量发展，积极适应行业协会自身的变革，解放思想，转型升级，不断提升服务能力、治理能力和领导能力，努力建设成为创新型、服务型、引领型的现代行业协会，充分发挥行业协会在经济建设和社会发展中的重要作用。

协会党支部组织党员赴彭雪枫纪念馆参观学习

协会联合工会召开第一次代表大会

在平型关大捷纪念馆开展革命历史红色主题教育

实地参观红旗渠总干渠青年洞

主办中南地区部分省建设监理行业发展交流会

举办河南省建设监理行业第四届田径运动会

举办第二届河南省建设监理行业工程质量安全监理知识竞赛

协会党支部召开党史学习专题研讨会

专题党课开始前孙惠民同志带领大家重温入党誓词

承接中国建设监理协会"城市道路工程监理工作标准"课题研究工作

# 建基工程咨询有限公司
## CCPM Engineering Consulting Co., LTD.

　　建基工程咨询有限公司成立于 1998 年，是一家全国知名的以建筑工程领域为核心的全过程咨询解决方案提供商和运营服务商。拥有 37 年的建设咨询服务经验，27 年的工程管理咨询团队，23 年的品牌积淀，十年精心铸一剑。

　　发展几十年来，共完成 8300 多个工程建设工程咨询服务，工程总投资约千亿元人民币，公司所监理的工程曾多次获得詹天佑奖，"鲁班奖"，中国钢结构金奖，国家优质工程奖，河南省"中州杯"工程及地、市级优良工程奖。

　　公司是"全国监理行业百强企业""河南省建设监理行业骨干企业""河南省全过程咨询服务试点企业""河南省工程监理企业二十强""河南省先进监理企业""河南省诚信建设先进企业""河南省住房和城乡建设厅重点扶持企业"，2018 年度中国全过程工程咨询 BIM 咨询公司综合实力 50 强。公司也是中国建设监理协会理事单位、《建设监理》常务理事长单位、河南省建设监理协会副会长单位和河南省产业发展研究会常务理事单位。

　　建基咨询在工程建设项目前期研究和决策以及工程项目准备、实施、后评价、运维、拆除等全生命周期各个阶段，可提供包含但不限于咨询、规划、设计在内的涉及组织、管理、经济和技术等各有关方面的工程咨询服务。

　　公司资质：工程监理综合资质（可以承接住房和城乡建设部全部 10 个大类的所有工程项目，包括建筑工程、市政公用工程、机电工程、民航工程、铁路工程、电力工程、通信工程、冶金工程、矿山工程、石油化工工程）；建筑工程设计甲级、工程造价咨询甲级、水利工程施工监理乙级、人防工程监理乙级；政府采购招标代理、建设工程招标代理。

　　公司经营始终秉承"诚信公正，技术可靠"，以满足业主需求；以"关注需求，真诚服务"，作为技术支撑的服务理念；坚持"认真负责，严格管理，规范守约，质量第一"，赢得市场认可；强调"不断创新，勇于开拓"精神；提倡"积极进取，精诚合作"工作态度；追求"守法诚信合同履约率 100%，项目实体质量合格率 100%，客户服务质量满意率 98%"的企业质量目标。

　　公司以建设精英人才团队为己任，努力营造信任、关爱、尊重、快乐的工作氛围，营造员工在企业享有温馨而又放心"家"的感觉，创造向心力的文化氛围。公司在坚持"唯才是用"，充分发挥个人才能、人尽其才的同时，更注重团队合作精神，强调时时处处自觉维护公司信誉和品牌；在坚持严谨规范，公正公平科学管理的同时，更强调诚信守约、信誉第一。我们的管理着力于上下和谐，内外满意的一体化原则，追求的是让客户满意、让客户放心，共赢未来。

　　公司愿与国内外建设单位建立战略合作伙伴关系，用我们雄厚的技术力量和丰富的管理经验，竭诚为业主提供优秀的项目咨询管理和建设工程监理服务！共同携手开创和谐美好的明天！

地　　址：河南省郑州市管城区城东路 100 号正商向阳广场 15A 层
电　　话：400-008-2685　　传　真：0371-55238193
百度直达号：@ 建基工程
网　　址：www.hnccpm.com　　邮　箱：ccpm@hnccpm.com

微信公众号

智创天地项目

驻马店海关综合业务技术用房及基础设施配套项目

河南出版产业基地三期工程

来安县文化艺术中心工程

华能安北第三风电场 C 区 200MW 项目

邓州市穰城路跨湍河大桥新建工程

商丘市金融中心项目

颍州西湖风景名胜区南湖历史文化风景区古建工程

企业文化

工程勘察资质证书

保密资质

人防监理（乙级）资质

城乡规划编制资质

工程招标代理机构资质证书

工程监理资质

招标采购资质

监理资质

工程咨询单位乙级资信证书

设计资质

造价（甲级）资质

施工资质

 **驿涛项目管理有限公司**

ytxm.com

驿涛项目管理有限公司创建于 2004 年 2 月 5 日，曾用名厦门市驿涛建设技术开发有限公司和福建省驿涛建设技术开发有限公司。2015 年 10 月 28 日经国家工商总局批准，正式更名为驿涛项目管理有限公司。公司注册资本人民币 5001 万元，是一家经各行业国家行政主管部门批准认定的，集工程全过程管理与工程行业管理软件开发的高新技术企业。公司位于厦门机场与北站间的厦门集美软件园三期，在全国各省及福建全省各地市设有分支机构。

公司持有工程咨询、城乡规划设计、岩土工程勘察、建筑工程设计、景观工程设计、市政公用工程设计、造价咨询、招标代理、政府采购、房建工程监理、市政公用工程监理、水利工程监理、人防工程监理、机电工程监理、石油化工工程监理、房屋建筑工程施工总承包、市政公用工程施工总承包、装饰工程施工、环保工程施工、智能化工程施工、机电工程施工、档案服务和档案数字化等建设资质与软件开发资质。

公司现有员工 500 多人，受教育程度多在本科及以上学历。有高级工程师、高级经济师、工程师、经济师、注册咨询工程师、注册城市规划师、注册岩土工程师、注册建筑师、注册结构工程师、注册电气工程师、注册公用设备工程师、注册造价工程师、注册监理工程师、注册建造师等工程管理人员以及软件工程师等各种专业技术人才。公司高级、中级职称人员 300 多人，均长期从事工程建设等领域技术管理工作，知识结构全面，工作经验丰富。

经过驿涛人的不懈努力，深得业主、建设行政部门及社会各界的广泛好评，公司各项业务迅速开拓并取得良好的社会效益和经济效益。公司已完成了各种类型工程项目建设项目，并有多个工程项目获得各部门的多次奖励，主要有各省、市级优良工程、安全文明工程等；多年参编《中国建设监理与咨询》，多协会的副会长、理事单位；并荣获"省级优秀造价企业""优秀成果奖""优秀审计单位奖"，厦门市第二届工程造价管理专业技能竞赛"二等奖"等称号。公司历年荣获"福建省 2016 年度优秀造价咨询企业第二名""2017 年度福建省造价咨询机构前三强""2017 年度中国招标代理机构综合实力三十强""2017 年度福建省项目管理机构前三强"、"重合同、守信用"企业、造价咨询、招标代理企业信用评价 AAA、全国质量诚信 AAA 等级单位、福建省 AAAAA 级档案机构等荣誉。

公司始终坚持追求卓越的经营理念，坚持人性化的管理理念，在公司党支部和工会领导下，员工有良好的凝聚力，企业形成爱心、奉献、共赢的文化。公司以全新理念指导企业发展，为保证公司技术质量、管理质量、服务质量能同步发展，自主研发了"驿涛造价咨询业务管理系统""驿涛招标代理业务管理系统""驿涛软件开发业务管理系统""驿涛城建档案管理系统"等，通过质量管理体系要求 GB/T 19001—2016/ISO 9001：2015、《工程建设施工企业质量管理规范》GB/T 50430—2017、职业健康安全管理体系要求 GB/T 28001—2011 /OHSAS 18001：2007、环境管理体系要求及使用指南 GB/T 24001—2016/ISO 14001：2015 等认证。

公司致力于为工程项目的全过程管理提供优质服务，严格按照"求实创新、诚信守法、高效科学、客户满意"的服务方针，崇尚职业道德，遵守行业规范，用一流的管理、一流的水平，竭诚为客户提供全面、优质的服务，努力回馈社会，真诚期待与社会各界朋友的精诚合作。

地　址：福建省厦门市集美区软件园三期 B14 栋 12 层
电　话：0592-5598095
邮　箱：1816046708@qq.com
网　址：http://www.ytxm.com/

企业微信

# 山西晋源昌盛建设项目管理有限公司

山西晋源昌盛建设项目管理有限公司（原吕梁晋源建设监理有限公司），成立于 1998 年 8 月，是经中华人民共和国住房和城乡建设部批准的、吕梁市首家取得房屋建筑工程监理甲级资质的项目管理和技术服务企业。公司具有房屋建筑工程监理甲级、市政公用工程监理甲级、人防工程监理乙级资质、工程造价咨询乙级资质，可以开展各类工程建设全过程项目管理和技术咨询相关服务，是山西省建设监理协会副会长单位。

公司成立 20 多年来，逐步培养出一批技术优秀、经验丰富的高素质人才队伍。目前公司拥有管理及技术人员 255 人，其中具有高级职称的 22 人，具有中级职称的 161 人，国家级注册监理工程师 36 人，国家级注册造价工程师 3 人，一级注册建造师 5 人，二级注册建造师 7 人，人防注册工程师 16 人。

公司始终以国家规范为准绳，以施工合同、监理合同为依据，以旁站巡视为手段，以科学检测为基础，在项目管理业务中，重合同、守信用、奉行"公正监理、规范服务、用户满意"的服务标准，坚持监理大计，质量第一，在努力提高社会效益的基础上求得经济效益。公司在日常业务和管理活动中，注重内涵建设，逐步形成一套完整的管理模式、严格的规章制度以及各专业质量控制细则，初步形成了文档规范化、操作程序化、管理科学化，并拥有微机信息管理系统，为掌握工程信息，为工程全面监控，提供了现代高效服务手段。

公司成立以来，以其敢于创新的气魄，科学严谨的管理作风，立足于山西工程建设监理领域。目前，公司主要业务类别涉及住宅、学校、医院、商场、体育等房屋建筑，道路、桥梁、供热、供气、园林绿化等市政建筑，有多项工程获得省、市级优质工程奖。公司连续多年被山西省监理协会、吕梁市住房和城乡建设局评为优秀或先进监理企业。

公司将一如既往地信守"守法、诚信、公正、科学"的监理准则，坚持以人为本，以质量求生存，以信誉求发展的管理理念，以提高工程质量为重点，以工程项目取得最好的投资效益为目的，竭诚为新老业主进行全过程、全方位的建设工程监理、技术咨询服务。

地　址：山西省吕梁市离石区滨河北西路 69 号泰和城市广场写字楼
电　话：0358-8289783
邮编：033000
邮　箱：lljy9873@163.com
网　址：www.sxjycs.cn

太焦铁路高平东站站前广场

吕梁高等幼儿师范

兴县人民医院

山西省兴县职教中心

新城壹号项目

高平市炎帝大道

山西晋源昌盛 20 周年庆典活动

石家庄国际机场改扩建工程

河北中烟"四中心"项目
（钻石广场）

河北医科大学第四医院医疗综合楼
（河北省癌症中心主楼）项目

中国银行股份有限公司河北省
分行营业楼项目

河北省奥林匹克体育中心项目

中华人民共和国驻土耳其大使馆项目

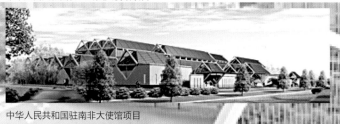
中华人民共和国驻南非大使馆项目

阳煤集团年产 22 万 t 乙二醇项目

石家庄幼儿师范高等专科学院项目

国家检察官学院河北分院项目

# 河北中原工程项目管理有限公司

## 聚焦挖掘客户需求　专注提升咨询品质
—— 河北中原工程项目管理有限公司 28 年成长概要

河北中原工程项目管理有限公司成立于 1992 年，现有员工 400 多人，注册资金 5100 万元，是河北省内最早从事工程监理、项目管理的专业公司之一。

28 年的成长发展，塑造了"河北中原"高品质的服务理念，公司现拥有工程咨询、工程监理、招标代理、造价咨询的四大类甲级资质，业务范围从项目投资机会研究、融资策划、前期咨询、PPP 项目咨询、城市规划与设计咨询，到招标采购、造价咨询、工程监理、项目管理与投资代建、全过程工程咨询、项目后评估，全过程全生命周期为建设业主提供咨询服务。同时，公司与河北省建筑设计研究院、河北工业大学、上海同济土木建筑咨询有限公司、西安建筑科技大学等省内外多家科学研究院所形成战略合作，为高端咨询服务提供技术支持。

"以人为本、创新管理"，公司技术委员会作为核心保障体系，拥有规划、法律、投资、设计、施工、节能、交通、冶金、工艺等各专业内外部高级技术专家 50 余名，各类国家级注册人员 100 余名，国家级监理大师 1 名，香港测量师、Autodesk 全球认证教官、IPMA 国际项目管理师等几十名。公司还主持编制了《CL 结构工程施工质量验收规程》DB13（J）44—2003，《建设工程项目管理规范》GB/T 50326—2017，《建设工程监理工作标准》DB13（J）/T 8161—2019，《河北省建设项目环境监理技术规范》DB13/T 2207—2015 等多项河北省工程建设标准。

河北中原自成立以来，一直坚持"诚实做人，一流服务"的企业方针，先后为数千个建设工程提供专业服务，专业覆盖房屋建筑、市政基础设施、石油化工工程、电力工程、通信工程、人防工程、水利水电、环境与生态、文物保护、高新技术和房地产等多个行业领域，其中多项工程获得中国建筑工程鲁班奖、中国建筑工程装饰奖、中国市政金杯示范工程奖、中国化学工业优质奖、全国十大文物精品工程奖等国家级荣誉及"安济杯""兴石杯"等省市级荣誉。

作为河北省内唯一一家入选中国驻外使馆馆舍工程管理服务采购名单的企业，河北中原已参与我国驻东帝汶、南非、伊朗、印度、土耳其、黑山共和国、比利时、奥地利、尼泊尔、阿富汗等 20 余个使领馆馆舍工程的建设管理。2017 年，河北中原先后成立 PPP 中心、一体化市场开发中心、信息中心，为公司转型升级提供有效助力，立足河北，迈向全国，冲击海外。

展望未来，河北中原将秉承"中正协和、务本求原"的核心价值观，以饱满的热情、严谨科学的作风，与行业各位同仁一起携手并肩，竭诚为投资者提供"专业、高效、经济、优质"的全过程工程咨询服务，为国家建设事业做出新的贡献！

地　址：河北省石家庄市靶场街 29 号
电　话：0311-83662001　0311-83662008
网　址：http://www.hebzyw.com

背景图：河北省阜平县阜盛大桥项目

# 云南省建设监理协会

云南省建设监理协会（以下简称"协会"）成立于1994年7月，是云南省境内从事工程监理、工程项目管理及相关咨询服务业务的企业自愿组成的、区域性、行业性、非营利性的社团组织。其业务指导部门是云南省住房和城乡建设厅，社团登记管理机关是云南省民政厅。2018年4月，经中共云南省民政厅社会组织委员会的批复同意，"中共云南省建设监理协会支部"成立。2019年1月，被云南省民政厅评为5A级社会组织。目前，协会共有183家会员单位。

协会第七届管理机构包括：理事会、常务理事会、监事会、会长办公会、秘书处，并下设期刊编辑委员会、专家委员会等常设机构。27年来，协会在各级领导的关心和支持下，严格遵守章程规定，积极发挥桥梁纽带作用，沟通企业与政府、社会的联系，了解和反映会员诉求，努力维护行业利益和会员的合法权益，并通过进行行业培训、行业调研与咨询和协助政府主管部门制定行规行约等方式不断探索服务会员、服务行业、服务政府、服务社会的多元化功能，努力适应新形势，谋求协会新发展。

地 址：云南省昆明市西山区迎海路8号
　　　　金都商集11幢2号
电 话：（0871）64133535
传 真：（0871）64168815
邮 编：650228
网 址：http://www.ynjsjl.cn/
邮 箱：ynjlxh2016@qq.com

微信公众号

《云南省建设工程监理规程》发布实施　　标准规范

成立"昆明监协职业技能培训学校有限公司"　　拓展协会培训职能

承接落实"云南省住房和城乡建设厅工程质量安全专家咨询服务"项目

召开会长办公会商议确定协会年度工作重点　　举办监理业务培训

贯彻诚信经营理念，建立行业自律机制

云南省民政厅党委到协会检查指导党建工作　　积极参与脱贫攻坚扶贫项目，主动投身公益事业

1995 年度中国建筑工程"鲁班奖"——太原机场

1996 年度中国建筑工程"鲁班奖"——太旧高速公路

2000 年度中国建筑工程"鲁班奖"——中国建行山西分行综合营业大厦

2006 年度中国建筑工程"鲁班奖"——博物馆

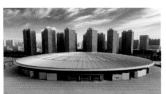

2012—2013 年度中国建筑工程"鲁班奖"——煤炭交易中心

2010—2011 年度"鲁班奖"工程监理企业荣誉称号——中国人民银行太原中心附属楼

2018—2019 年度中国建筑工程"鲁班奖"——中美清洁能源研发中心

2014—2015 年度中国建筑工程"鲁班奖"——山西省图书馆

共创 2009 年度"鲁班奖"工程监理企业荣誉称号——新建太原机场航站楼

2002 年度中国建筑工程"鲁班奖"——山西省国税局业务综合楼

2003 年度中国建筑工程"鲁班奖"——鹳雀楼

# 山西省建设监理有限公司

山西省建设监理有限公司的前身是原隶属于山西省建设厅的国有企业—山西省建设监理总公司。公司成立于 1993 年，是国内同行业内较早完成国企改制的先行者之一。公司注册资本 1000 万元。

山西省建设监理有限公司具有工程监理综合资质，业务覆盖国内大中型工业与民用建筑工程、市政公用工程、冶炼工程、化工石油工程、公路工程、铁路工程、机电安装工程、通信工程、电力工程、水利水电工程、农田整理工程等所有专业工程监理服务。

公司已通过质量管理体系要求 GB/T 19001—2016/ISO 9001：2015、环境管理体系要求及使用指南 GB/T 24001—2016/ISO 14001：2015、职业健康安全管理体系要求 GB/T 28001—2011/OHSAS 18001：2007"三体系"认证。公司被评为"中国建设监理创新发展 20 年工程监理先进企业""三晋工程监理企业二十强"；多次荣获"中国工程监理行业先进工程监理企业""山西省工程监理先进企业""山西省安全生产工作先进单位""山西省重点工程建设先进集体"等荣誉称号，是行业标准、地方标准参编单位之一。

自公司成立以来，在公司名誉董事长、中国工程监理大师田哲远先生的正确引领下，全体干部职工团结一致、艰苦创业，已将公司建设成为国内监理行业具有影响力的企业。在国家重点项目、地方基础设施、民生工程建设方面取得了令人瞩目的业绩和荣誉。公司多次紧抓国家及地方经济建设战略发展机遇，参与了多项省内重点工程建设，完成各类监理项目 4000 余项，监理项目投资总额 3000 亿元。公司所监理的项目荣获"中国建设工程鲁班奖""国家优质工程奖""中国钢结构金奖""山西省建设工程汾水杯奖""山西省优良工程"等各类奖项 300 余项。

公司拥有一支久经考验、经验丰富的专业团队。在公司现有的 1000 余名员工中，汇集了众多工程建设领域专家和工程技术管理人员，其中：高、中级专业技术人员占比达 90% 以上；一级注册结构工程师、注册监理工程师、一级注册建造师、注册造价工程师、注册设备监理师等共计 152 名。公司高层高瞻远瞩，注重人才战略规划，为公司可持续发展提供了不竭动力。

公司始终遵循"严格监理、一丝不苟、秉公办事、热情服务"的原则；贯彻"科学公正、诚信、敬业，为用户提供满意服务"的方针；发扬"严谨、务实、团结、创新"的企业精神，彰显独特的"品牌筑根、创新为魂；文化兴业、和谐为本；海纳百川、适者为能"24 字企业文化精髓，一如既往地竭诚为社会各界提供优质服务。

企业 20 余年的发展基业来之不易。展望未来，我们将发扬敢于担当、敢于拼搏的团队精神，以满足顾客需求为目标，以促进企业发展为己任，弘扬企业文化精神，专注打造企业发展核心动力。有我们在，让客户放心；有我们在，让政府省心；有我们在，让员工舒心。

欢迎社会各界朋友的加入！发展没有终点，我们永远在路上！

地　址：山西省太原市小店区并州南路 6 号 1 幢 B 座 8 层
电　话：0351—7889970
邮　箱：sxjsjl@163.com
网　址：www.sxjsjl.com

# 吉林梦溪工程管理有限公司

吉林梦溪工程管理有限公司，1992年11月成立，原名"吉林工程建设监理公司"，隶属于吉化集团公司，1999年3月独立运行；2000年，随吉化集团公司划归中国石油天然气集团公司；2007年9月，划归中国石油东北炼化工程有限公司；2010年1月6日更名为吉林梦溪工程管理有限公司；2017年1月1日划归中国石油集团工程有限公司北京项目管理公司。

吉林梦溪工程管理有限公司拥有国家住房和城乡建设部颁发的工程监理综合资质，国家技术监督局颁发的设备监理甲级资质，吉林省住房和城乡建设厅颁发的工程造价咨询乙级资质，中国合格评定国家认可委员会颁发的检验机构能力认可资质。吉林梦溪工程管理有限公司是以工程项目管理为主导、工程监理为核心、带动设备监造等其他业务板块快速发展的国内大型项目管理公司。公司服务领域涉及油田地面建设、油气储运、石油化工、煤化工、房屋建筑、市政、新能源、冶金、电力、机电安装、环保等多个专业领域，形成以炼油化工为核心，上、中、下游一体化发展的业务格局，能够为客户提供PMC、IPMT、EPCm以及项目管理与监理一体化等多种模式，开展了项目前期咨询、设计管理、采购管理、投资控制、安全管理、质量管理、施工管理、开车管理等全过程或分阶段项目管理服务，以及专家技术咨询、工程创优等专项服务。

目前，吉林梦溪工程管理有限公司市场范围已覆盖全国25个省、自治区、直辖市，业务遍及10余家大型国有企业集团。中石油系统内，服务于油气田板块的大庆油田、吉林油田、塔里木油田、西南油气田和青海油田；炼化板块的23家地区公司；销售板块的10家销售单位；天然气与管道储运板块的管道建设项目部、管道公司、西气东输、西部管道、西南管道、昆仑燃气、昆仑能源等。中石油系统外，主要服务于中石化、中海油、国家管网、中国化工、中化集团、中蓝集团、神华集团、中煤集团、国电宁煤、陕西延长集团、辽宁华锦化工集团、正和集团等大型国有企业，以及恒力石化、江苏盛虹、浙江石化、浙江恒逸石化、山东裕龙石化、山东东营威联化学、康乃尔化学公司等大型民营企业。公司还参与了国外及涉外项目有中石油援建尼日尔100万t炼厂项目、德国BASF公司独资的重庆MDI项目、俄罗斯亚马尔LNG模块化制造项目、哈萨克斯坦硫磺回收项目、恒逸文莱PMB石油化工项目等。

吉林梦溪工程管理有限公司始终坚持"为客户提供全过程工程咨询和项目管理服务"的企业使命和"诚信、敬业、担当、创新、合作、共赢"的核心价值观，现已发展成为中国石油化工行业监理的龙头企业，企业排名始终处于全国工程监理行业百强。截至目前，吉林梦溪工程管理有限公司共承揽业务2500多项，合同项下参建项目总投资额达5000多亿元。吉林梦溪工程管理有限公司是中国建设监理协会理事单位，是石油集团公司工程建设一类承包商，是中国设备监理协会副理事长单位，2012—2020年度连续9年被评为优秀监理企业，共获得国家级企业荣誉16项，省部级荣誉17项，市局级荣誉14项，国家级优质工程奖23项，省部级优质工程奖68项。

塔里木乙烷制乙烯工程

广东石化炼化一体化项目芳烃及化工区项目工程

恒力（大连）2000万t/年炼化一体化工程

江苏盛虹1600万t/年炼化一体化工程

浙石化4000万t/年炼化一体化工程

长庆乙烷制乙烯工程

辽阳石化俄罗斯原油加工优化增效改造工程

陕京四线输气管道工程

长阳县龙舟大道七里湾综合改造工程

　　长阳县龙舟大道七里湾综合改造工程全长1255.979m，道路红线宽度20m，双向四车道，全线道路为沥青混凝土路面。工程内容包括路基路面工程、土石方工程、桥梁工程、道路交通设施及交通监控工程、道路照明、排水工程等。

土家源广场建设项目

　　土家源广场建设项目以及七里湾段护岸工程，包括综合活动广场，广场景观工程，广场绿化工程等；七里湾护岸工程包括土石方开挖、抛块石压实、块石换填、干砌块石、汉白玉栏杆、青石板步道、草皮护坡等。

黄龙上城

　　黄龙上城项目包括一期1号、2号、3号楼及负一、二层地下停车库，工程规模53182.3m²，框剪28层。

教育园区高中部项目

　　教育园区高中部项目包括：房屋建筑工程［图书行政办公综合楼、多功能教室、实验教学综合楼、教学楼、风雨操场、食堂、设备用房（地下室）、男女生宿舍、看台、钟塔、配电房、1号～4号门房等］建筑面积约60057.38m²；室外工程［场平工程、广场铺装、道路及停车场、运动场、球场（含网球场、综合球场）、市政综合管网等配套工程等］；配套设备工程（太阳能热水饮水工程、变配电工程、食堂设备工程、弱电网络工程等）。工程建设投资约2亿元。

# 湖北长阳清江项目管理有限责任公司

　　湖北长阳清江项目管理有限责任公司成立于2001年4月。该公司系从原长阳土家族自治县建设工程质量监督检测站分离出来的一个完全按照《中华人民共和国公司法》规定组建的、具有独立法人资格的、从长阳县本土发展起来的唯一的工程监理服务机构。公司于2015年当选为湖北省建设监理协会理事单位；于2015年11月份成为中国建设监理协会会员单位，2017年被推选为湖北省监理协会监事单位；2018年被评为宜昌市建设监理协会先进会员单位；2019年被评为宜昌市先进监理企业；2020年被评为宜昌市第十二届（2017—2019年度）守合同重信用企业；2020年被评为第十五届（2018—2019年度）湖北省守合同重信用企业；2020年被评为宜昌市先进监理企业；2021年被评为湖北省优秀工程监理企业。

　　公司现有经营范围：房屋建筑工程、市政公用工程、招标代理、造价咨询。由于经营范围的扩大，2021年2月公司名称由"长阳清江建设工程监理有限责任公司"变更为"湖北长阳清江项目管理有限责任公司"。

　　公司现有资质等级：房屋建筑工程监理甲级、市政公用工程监理乙级、工程造价咨询乙级。公司现有职工110人，其中具有高级技术职称的8人，具有中级技术职称的51人，具有初级技术职称15人；取得国家注册监理工程师资格的有14人，4人取得造价工程师资格，3人取得二级建造师资格，1人同时取得律师资格；取得省级注册的监理工程师37人，省级注册的监理员50人。

　　湖北长阳清江项目管理有限责任公司自成立以来，完全按照市场经济机制进行运作，取得了可喜的成绩。业务遍及湖北省内洪湖、襄阳、潜江、当阳、荆门、石首、利川、恩施、枝江、宜昌、猇亭等市（县）区。到目前为止，我公司累计监理的房屋建筑及市政工程数百项。其中多项工程曾获湖北省"楚天杯"优质工程奖、宜昌市"夷陵杯"优质工程奖、湖北省及宜昌市优质结构工程奖、湖北省及宜昌市安全文明施工现场、长阳土家族自治县"清江杯"优质工程奖等奖项。

　　此外公司还承担了小农水项目、农业综合开发项目以及土地整治项目的监理工作。

　　同时，公司也严格按照"公司法"及《建设工程监理规范》GB/T 50319—2013的要求进行管理，企业管理规范，人事、财务、资料、岗位职责等制度健全，并总结了一套严格、科学的管理办法。在公司对项目机构的管理上，公司总结了"两书一报一查"制度，其作法先在《建筑时报》《建筑》杂志以及中国工程建设信息网上刊登，引起了广泛的社会影响。此外，公司的管理及技术人员还对合同管理、旁站监理、安全监理等方面提出了独到的见解，在《建筑杂志》《中国建设报》《建筑时报》《湖北建设监理》《楚天质量监督》等专业报刊上发表了多篇论文，在行业内部享有较高的声誉。公司为了加强监理人员的履责管理，特制定了一套"履责巡查制度"，并聘任了有丰富的项目管理经验的同志担任履责巡查员，对承建的项目定时或不定时的轮回检查，并在总结履责巡查制度的基础上，利用网络技术，完善了员工的考勤、现场管理、监理资料等履责方面的监管，达到了较理想的效果。在这些管理机制的帮助下，公司业务稳步健康成长，经济效益蒸蒸日上。

　　公司自成立以来，一直致力于履行相应的社会责任，多次为贫困学生、贫困村、大病关爱一佰基金等捐款，其中，2016年为都镇湾镇塘坊河村捐款10万元，用于支持该村的精准扶贫工作。

　　公司董事长覃宁会也一直致力于监理行业方面的理论研究，在《中国建设报》《建筑杂志》《建筑时报》等报刊发表过多篇有关文章，如《如何处理总监负责制与公司监管》《监理责任究竟如何界定》《关于安全监理的几个法律问题浅析》《律师法修改中的公平缺失》《罪刑法定原则下监理所负刑责的思考》《浅议监理单位私权利的保护现状》等，2020年6月由长江出版社出版了《法眼看监理》一书。连续两届被聘为中国建设监理协会委员会委员，同时被聘为湖北省监理协会专家委员会委员并担任副主任委员。

　　公司自成立以来，虽然经受了各种冲击，但我们始终认为只有诚信经营才是企业发展的根本。这几年来，我们在宜昌市住建委的诚信等级及分值一直处于靠前位置，多年被税务系统评为纳税A级信用等级。

　　公司在工程服务中，遵守市场行为规范，坚持公平竞争，维护行业信誉，注重职业道德，本着"服务一个工程，结识一批朋友，占领一方市场"的宗旨，努力为业主服好务，靠优质的服务赢得业主的信赖，靠良好的信誉赢得市场！

# 江西同济建设项目管理股份有限公司

江西同济建设项目管理股份有限公司（证券简称:同济建管，证券代码：871076）是江西省国资委监管、江西省投资集团控股企业。

公司具有国家住房和城乡建设部工程监理综合资质、建筑工程施工总承包、电力工程施工总承包、造价咨询资质，同时具有煤炭、人防、交通、水利、地质灾害防治、信息系统等多项专业工程监理资质。业务涉及工程监理、工程总承包、工程项目管理、造价咨询、招标代理、项目代建、全过程工程咨询等领域。

公司现有员工650名，其中国家注册监理工程师112人、一级注册结构工程师2人、一级注册建造师27人、一级注册造价工程师13人、高级项目管理师10人。

同济建管公司是一家专业技术型服务企业，先后通过了质量、环境及职业健康安全标准管理体系认证，国家高新技术企业认证及科技型中小企业认证。公司还曾多次获得"全国煤炭行业先进监理单位""江西省年度监理先进企业""诚信 AA 级企业"等荣誉称号，所监理工程荣获"杜鹃花奖""省优质工程奖""标准化示范工地"等奖项。

公司始终秉承"最忠诚的顾问，最具价值的服务"理念，为广大客户提供优质服务、打造精品工程。

江西理工大学项目

萍乡市海绵城科技展览馆

南昌市轨道交通 3 号、4 号线

三江源国家公园生态保护与建设工程

盈峰环境·河南泌阳县生活垃圾焚烧发电项目

于都县红色文化展览培训基地及配套设施建设项目工程（国家长征文化公园·江西段）

江西大唐·宜春高安 100MW 光伏发电项目

冀中能源青海江仓一井田项目

北京路站总平面图　北京路站剖视图

北京路站为1号线与3号线的换乘枢纽车站，位于安云路与北京路十字交叉口。1号线沿安云路而置，为地下二层车站，总长302米，宽度24.5米，轨道埋深约16米，共设6个出入口。8个风亭；3号线沿北京路布置，为地下四层车站，轨道埋深26.3米，1号线与3号线呈"十"字节点换乘

贵阳市轨道交通 1 号线

贵阳大剧院

贵阳大剧院，建筑面积36400m²，是一个以1498座剧场和715座的音乐厅为主的文化综合体，是贵阳市城市建设标志性建筑。项目荣获2007年度中国建筑工程鲁班奖（国家优质工程），同时是贵州省首个获得中国建设监理协会颁发"共创鲁班奖工程监理企业"证书的监理项目

贵阳国际生态会议中心

贵阳国际生态会议中心是国内规模最大、设施最先进的智能化生态会议中心之一，可同时容纳近万人开会。通过美国绿色建筑协会 LEED 白金级认证和国家绿色三星认证。工程先后获得"第八届中国人居典范建筑规划设计竞赛"金奖、2013年度中国建设工程鲁班奖（国家优质工程）等奖项

贵州省思剑高速公路舞阳河特大桥

贵州省电力科研综合楼

贵州省电力科研综合楼，坐落于贵阳市南明河畔，荣获2000年度中国建筑工程鲁班奖（国家优质工程），是国家推行建设监理制以来贵州省第一个获此殊荣的项目

贵州省人大常委会省政府办公楼

贵州省人大常委会省政府办公楼，位于贵阳市中华北路，荣获2009年度中国建设工程鲁班奖（国家优质工程）。项目从拆迁至竣工验收，实际工期377天，创造了贵州速度，是贵州省工程项目建设"好安优先、能快则快"的典型代表。贵州省人大常委会办公厅、贵州省人民政府办公厅联合授予公司"工程卫士"荣誉锦旗

贵州省委办公业务大楼

贵州省委办公业务大楼位于南明河畔省委大院内，建筑面积55000m²，荣获2011年度中国建设工程鲁班奖（国家优质工程），中共贵州省委办公厅授予公司"规范监理、保证质量"铜牌

# 贵州三维工程建设监理咨询有限公司

贵州三维工程建设监理咨询有限公司是一家专业从事建设工程技术咨询管理的现代服务型企业。公司创建于1996年，注册资金800万元，现具备住房和城乡建设部工程监理综合资质、工程造价咨询甲级资质、工程招标代理甲级资质；交通部公路工程监理甲级资质；国家人防办人防工程监理甲级资质；贵州省住房和城乡建设厅工程项目管理甲级资质，可在多行业领域开展工程监理、招标代理、造价咨询、项目管理、代建业务。

公司现拥有各类专业技术及管理人员逾800人，其中各类注册执业工程师达200人。多年来承担了近1000项工程的建设监理及咨询管理任务，总建筑面积逾1000万 m²，其中数十项获得国家、省、市优质工程奖，有5个项目荣获国家"鲁班奖"（国家优质工程）。

公司先后通过了质量管理体系要求 GB/T 19001—2016/ISO 9001：2000认证，环境管理体系要求及使用指南 GB/T 24001—2016/ISO 14000认证，职业健康安全管理体系要求 GB/T 28001—2011/OHSAS 18001：2007认证。公司连续多年获得"守合同、重信用"企业称号，获得过国家建设部（现住房和城乡建设部）授予的先进监理单位称号，中国建设监理协会授予的"中国建设监理创新发展20年工程监理先进企业"称号，贵州省建设监理协会多次授予的"工程监理先进企业"称号。公司是中国建设监理协会理事单位、贵州省建设监理协会副会长单位。

三维人不断发扬"忠诚、学习、创新、高效、共赢"的企业文化精神，致力于为建设工程提供高效的服务，为客户创造价值，最终将公司创建为具有社会公信力的百年企业。

贵州省镇胜高速公路肇兴隧道

贵州高速公路第一长隧，全长4752m，为分离式左右隧道

下图：铜仁机场

铜仁凤凰机场改扩建项目位于贵州省铜仁市大兴镇铜仁凤凰机场内，建筑面积为20000m²（含国内港和国际口岸），为贵州省首个开通国际航线的地州市级机场

# 九江市建设工程监理有限公司

九江市建设监理公司创建于 1993 年，九江市建院监理公司创建于 1997 年，2005 年九江市建设监理公司和九江市建院监理公司两家公司合并重组，沿用"九江市建设监理公司"名称，2008 年进行改制，2009 年 1 月成立"九江市建设监理有限公司"，成为国有参股的综合型混合制企业，注册资金为 632.00 万元。

改制以来，企业进入了一个良性高速发展阶段。2015 年以郭冬生董事长为核心的领导班子凝心聚力，共绘蓝图，企业逐步发展壮大到今天的 700 余人，企业经营收入也逐年增长到今天的数亿元，较过去翻了一番。在江西省各地市乃至省会南昌市的同类企业中成为佼佼者，企业品牌价值和知名度显著提高。

近年来，企业的资质范围拓展为拥有房屋建筑工程监理、市政公用工程监理、人民防空工程建设监理、工程招投标代理、造价咨询、政府采购等 6 个国家甲级资质，取得机电安装工程乙级资质，取得水利水电工程监理、公路工程监理丙级资质及测绘丙级资质，取得市政公用工程施工总承包三级资质，公司资质还在逐年增加。

近年来，企业逐步发展成为一个现代化、综合性工程咨询服务企业。服务的多个项目荣获各类国家及省级奖项，并荣获"中国工程监理行业先进企业""全国代理诚信先进单位""企业贡献奖""最佳雇主"等百余项荣誉。

"向管理要效益，以制度促发展"，近年来，企业始终将制度建设与科学管理摆在首位。注重学习型企业的打造，把培养员工、成就员工当成企业的重要使命之一。

企业使命：做工程建设的管理专家，做项目建设的安全卫士
服务宗旨：服务到位，控制达标，工程优良，业主满意
经营理念：诚信创造未来，细节成就辉煌
企业网站：http://www.jjsjsjl.cn
企业邮箱：jsjl_2007@163.com
电　话：0792-8983216
地　址：九江市浔阳区长虹大道 32 号建设大厦 8-9 楼

扫描二维码 关注九江建设监理
微信ID：Jjpm-jl

手机网站二维码

九江市委党校

九江市政府市民服务中心

九江职业技术学院濂溪新校区总体鸟瞰图

西海舰队球类运动休闲中心（一）

九江市文化艺术中心

鄱阳湖生态科技城科创中心效果图

吴城候鸟小镇二期项目——湿地公园

吴城候鸟小镇二期项目——国际候鸟保护中心

西海舰队球类运动休闲中心（二）

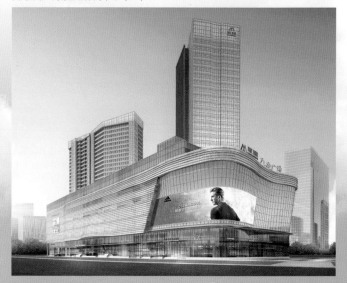

九江市联盛九龙广场

兴隆社区项目建设工程监理Ⅲ标段

办公基地Ⅰ期办公楼、试验楼、及综合楼工程监理项目

大唐芙蓉园

大唐西市一期项目

曲江皇苑大酒店工程

榆林市档案馆工程

高中新迁建一教学楼、行政办公楼、实验楼、地下车库

陕西省交通建设集团公司西高新办公基地

锦绣天下学校委托监理工程

魏墙矿井及选煤厂项目地面土建工程（除选煤厂）施工监理

# 陕西华茂建设监理咨询有限公司

陕西华茂建设监理咨询有限公司（原陕西省华茂建设监理公司）创立于1992年8月，2008年4月由国企改制为有限公司。

公司具有国家房屋建筑工程监理甲级、市政公用工程监理甲级、机电安装工程监理乙级及军工涉密工程监理、古建文物工程监理、人防工程监理和工程招标代理甲级、工程造价咨询甲级，以及中央投资项目招标代理、政府采购招标代理等专业资质，可承接跨地区、跨行业的建设工程监理、项目管理、工程代建、招标代理、造价咨询以及其他相关业务。公司还成为全工程咨询单位陕西省试点企业，并取得了火箭军工程建筑监理和PPP项目咨询入库。

公司500余名从业人员中75%以上具有国家注册监理工程师、注册造价工程师、安全工程师、招标师、建造师或中高级专业技术职称，先后参加过西安音乐学院、大唐芙蓉园、经发国际大厦、九座花园、省交通建设集团办公基地、西安建设工程交易中心、华山国际酒店、省公路勘察设计院办公基地、大唐西市博物馆、西工大附中高中迁建项目等一大批重点工程、标志性建设工程监理，具有扎实的专业知识和丰富的实践经验。

公司在20多年的发展进程中坚持以高素质的专业管理团队为支撑，以质量管理体系ISO 9001、环境管理体系ISO 14001、职业健康安全管理体系OHSAS 18001为保证，探索总结出一套符合行业规范和突出企业特点的经营管理激励约束机制和诚信守约服务保障机制，以及科学完备的企业规章制度。

近年来，公司所监理的建设工程项目先后有4项荣获"中国建设工程鲁班奖"、6项获国家优质工程奖、37项获陕西省优质工程"长安杯"、省新技术应用示范工程、省绿色施工示范工程、省结构示范工程，以及省级文明工地等，获奖总数名列陕西省同行业前茅，并被中国建设监理协会授予"全国先进监理单位""中国建设监理创新发展20年工程监理先进企业"，被中国建设管理委员会授予"全国工程招标十佳诚信单位"，被中国招标投标协会授予"招标代理机构诚信创优先进单位"，被省建设工程造价管理协会授予"工程造价咨询先进企业"，被国家和省建设工程造价协会分别评为"造价咨询企业信用评价AAA企业"，连续10多年被评为省、市先进监理企业，同时被省工商局授予"重合同守信用"单位，被陕西省企业信用协会授予"陕西信用百强企业"等，华茂监理已成为陕西建设监理行业的著名品牌。

公司还成为中国建设监理协会常务理事，中国招投标协会会员，中国土木工程学会建筑市场与招标研究分会理事，陕西省建设监理协会常务理事、副会长，西安市建设监理协会常务理事、副会长，陕西省招标投标协会常务理事，陕西省工程造价管理协会理事，陕西省土木建筑工程学会理事单位。

公司将一如既往，秉承"用智慧监理工程，真诚为业主服务"的企业精神和"科学管理、严控质量、节能环保、安全健康、持续改进、创建品牌"的管理方针，以雄厚的综合实力、严格的内部管理、严谨的工作作风，竭诚为业界提供满意服务，建造优质工程。

# 山西卓越建设工程管理有限公司

山西卓越建设工程管理有限公司坐落于晋陕豫黄河金三角地区的运城七彩盐湖湖畔，是一家专业从事建设工程监理服务的企业，同时也是山西省建设监理协会常务理事单位。

公司具有房屋建筑工程和市政公用工程甲级、公路建设工程乙级资质。业务范围包括：工程项目管理、工程监理、造价咨询、技术咨询等。

公司拥有一批专业配套齐全的资深专家（教授级高工、高级工程师、注册监理工程师、注册造价工程师、注册建造师）及各类实践经验丰富的专业人才（建筑学、工民建、市政、路桥、工程地质、地下工程、工程测量、建筑装饰、工程管理、暖通、给水排水、建筑电气、绿化景观等专业）。

在业务培训方面，通过"卓越大讲堂""一日一题"、爱岗敬业演讲比赛、"师徒制"传帮带、主管部门培训会等形式增强员工个人业务素质；在从业人员的道德教育及廉洁自律方面，积极贯彻卓越公司的"监理工作十不准"要求，同时开展自我批评思考，提升个人的道德品质，严格遵守职业道德，同时签订监理人员廉洁自律承诺书、员工安全承诺书，监理人员严格按照承诺书的内容，日省三身，合理平衡工作、生活与学习，保持良好的工作状态，展示监理人优秀的精神面貌。

监理人员的工作特性决定了人员工作地点不固定，工作环境千差万别，为了调节工作状态，杜绝工作倦怠，卓越公司在监理项目部施行团队工作制，项目部人员工作与生活合理调配，轮流休假，定期发放防暑降温用品、节日福利；定期组织聚会、旅游等活动，丰富业余生活。

公司经营始终秉承"诚信守法、和谐共赢"，以满足业主需求；以"精心组织、规范操作，全面实现项目建设目标；竭诚服务、严格管理，不断总结提高工作实效"为质量方针；坚持"诚信务实、开拓创新、团结协作、贡献社会"的企业精神；向专业化、标准化发展，把公司建成社会知名，政府信任，客户信赖的一流服务机构。以人为本，构建敬业、专业和谐团队，实现以人为本，客户至上，实现社会、公司和个人价值的和谐统一。

公司严格遵循"守法、诚信、公正、科学"的从业准则。以我们雄厚的技术实力、优秀的团队精神和敬业的工作态度，为业主提供优质、安全、可靠的服务。20 年来连续获得省市先进监理企业称号，3 年来荣获鲁班奖 1 项，国家优质工程奖 2 项，所监工程多次获得标准化工地、优质结构工程奖项。卓越——我们的追求、你的信任、共同的目标，让我们携手共同为中华民族的伟大复兴而做出贡献！

地　址：山西省运城市盐湖区河东东街凤凰公寓 A 座 16 层 1603 室
电　话：0359-2080620
邮　箱：sxzygcgl@126.com
网　址：http://zygcgl.cn

临猗县第二人民医院

国优工程——尚东 SOHO

临猗大剧院

晋府捌号

夏县人民医院

运城第五幼儿园

运城博物馆

国优工程——运城日报社数字传媒中心

鲁班奖——乡宁县新医院

新绛新城幼儿园

中阳县升辉房地产开发有限公司升辉一
～五期住宅小区建设工程

太原保利悦公馆项目一期工程

山西国际金融中心六号楼室内精装修工程

岢岚县县域乡村综合整治工程

新建御景华府小区商住项目五期工程

汾东中学南区、北区食堂及文体中心工程

绛县人民医院改扩建项目（门诊楼、医
技楼、地下车库）工程

金华市君华国际学校工程项目管理1

新力惠中学校太谷校区工程

金华市君华国际学校工程项目管理2

## 山西辰丰达工程咨询有限公司

山西辰丰达工程咨询有限公司成立于 2008 年，是一家集投资决策综合咨询、招标代理、工程造价咨询、项目管理、工程监理、PPP 项目咨询于一体的工程咨询服务企业。公司奉行"源于客户需求，止于客户满意"的服务理念，历经 10 余载艰辛逐步成熟壮大，形成了全过程工程咨询产业链。公司具有"工程造价咨询企业甲级资质""房屋建筑工程监理甲级资质""市政公用工程监理乙级资质""人民防空工程建设监理单位丙级资质"，取得"工程招标代理备案资格"，"工程咨询单位乙级资信""工程咨询单位备案（建筑、市政、农业、林业、公路、生态环境、电子信息、石化、医药专业）"，通过质量管理体系认证、环境管理体系认证和职业健康安全管理体系认证。

公司位于太原市学府园区亚日街 7 号环亚时代广场 A 座，自有办公面积 3000 ㎡，拥有先进的办公设备，健全的现代化管理体系，拥有经验丰富、专业配备齐全、技术精湛的工程技术人员 200 余人。其中，中、高级职称人员 100 余人，各类注册人员 60 余人，注册造价师 20 人，注册监理工程师 28 人，注册一级建造师 8 人，注册咨询工程师 8 人，为高水平的综合性工程咨询及相关服务提供有力保障。

公司注重科学化、规范化的管理，坚持高质量、优服务、创品牌的管理理念，立足于为客户提供工程建设全过程工程咨询一站式的服务和分阶段专业咨询服务的服务宗旨。公司还具有健全的适应全过程工程咨询服务的组织机构和完善的管理制度、工作流程，为客户提供项目建设的策划与组织管理。以合同管理、信息管理、投资控制、质量控制、工期控制为主线，全面协调工程建设多方关系的项目管理为主要内容，以现代化管理技术为主导，建立了完善的项目咨询服务成果文件的管理体系、考核体系和完整的管理资料归档建档规定，为客户提供全方位的工作保障。

公司自成立以来，工程咨询服务涉及了房屋建筑与市政工程、水利、电力、公路、铁路、园林绿化、矿山、机电等多个行业的投资咨询、工程设计、项目管理、工程监理、造价咨询、招标代理等的专业咨询服务。公司以诚信、严谨的工作态度，敬业、进取的专业精神和高效、廉洁的工作作风赢得了社会各界的好评，在业界树立了良好的资信及口碑。

面向未来，公司将继续秉承"诚信、务实、创新、共赢"的企业精神，以"成为工程咨询领域卓越的服务者"为企业愿景，不断提升服务品质，竭诚为客户提供更为专业、规范、高效、廉洁的工程咨询服务，期待与社会各界携手为工程咨询行业的发展贡献力量！

地　址：山西综改示范区太原学府园区亚日
　　　　街 7 号环亚时代广场 A 座 704 室
电　话：0351-7770720
网　址：www.sxcfd.com

# 重庆正信建设监理有限公司

重庆正信建设监理有限公司成立于1999年10月，注册资金为600万元人民币，是经建设部审批核准的房屋建筑工程监理甲级资质和重庆市住房和城乡建设委员会批准的化工石油工程监理乙级、市政公用工程监理乙级、机电安装工程监理乙级资质，从事工程建设监理和建设项目管理咨询服务为一体的工程建设专业监理公司，包括工程监理、招标代理、建设项目管理、项目可行性研究、策划、造价咨询、建筑设计咨询和其他技术咨询服务，监理业务范围主要在重庆市、四川省、贵州省、甘肃省和新疆维吾尔自治区。

公司在册员工200余人，其中国家注册监理工程师45人，重庆市监理工程师100余人，一级注册建筑师1人，注册造价工程师4人，一级注册建造师8人，注册安全工程师3人。建筑工程师、造价工程师、建筑师、结构工程师、给排水工程师、电气工程师、机电工程师、钢结构工程师、暖通工程师等具有丰富工程实践经验和较高专业技术理论水平的专业技术骨干人才齐全，专业配套齐备，人才结构合理，既有教授、教授级高工、博士等资深技术专家，又有年富力强、专业理论扎实、现场实践经验丰富的监理人员。为开展各类工程建设监理配备了高素质、高水平、敬职敬业的监理人员。

公司成立至今，已获得数十项工程奖。其中，蘭亭·新都汇获得巴渝杯优质工程奖，巴南广电大厦获得巴渝杯优质工程奖，公安部四川消防科研综合楼获得成都市优质结构工程奖，重庆远祖桥小学主教学楼获得重庆市三峡杯优质结构工程奖，涪陵区环境监控中心工程获得重庆市三峡杯优质结构工程奖，展运电子厂房获得重庆市山城杯安装工程优质奖，荣昌县农副产品综合批发交易市场1号楼获得三峡杯优质结构工程奖，晋鹏山台山尚璟七期G3号楼获得三峡杯优质结构工程奖。公司与知名品牌企业签订了战略采购协议和形成了长期合作，战采单位有金科地产集团、蓝光地产集团、海成地产集团、中信银行重庆分行、重百股份、厦门银行等；长期合作单位有龙湖地产集团、恒大地产集团、碧桂园地产、旭辉地产集团、华融置业、中建瑾和置业等央企和知名民企。工程质量百分之百合格，无重大质量事故、文明安全事故发生，业主投诉率为零，业主满意率为百分之百，监理履约率为百分之百，服务承诺百分之百落实。正信监理视工程质量为立足之根本，以助业主达到最佳投资效益的目的，以业主满意为合作的最高标准。

公司引进先进的企业经营管理模式，已建立健全了现代企业管理制度，有健康的自我发展激励机制和良好的企业文化。监理工作已形成一套行之有效的、科学的、规范化的、程序化的监理制度和企业管理制度，现已按照《质量管理体系》GB/T 19001—2008、《环境管理体系》GB/T 24001—2004/ISO14001：2004、《职业健康安全管理体系》GB/T 28001—2011/OHSAS18001：2007三个标准对工程监理运行实施严格的工程质量、环境及职业健康保证体系。严格按照"科学管理、信守合同、业主满意、社会放心"的准则执业，建立"以人为本，健康安全，风险辩识预控；遵守法纪，规范行为，绩效持续改进"的执业理念，公司以"科学管理、信守合同、业主满意、社会放心"为质量方针，确保工程质量百分之百合格，服务承诺百分之百落实，及时为业主提供高标准、高水平、高效率的优质服务。

通用网址：中国正信　　重庆正信
英文网址：www.zgjlxxw.org　www.cqzxjl.com

兰亭·新都汇：270000m²，获得巴渝杯优质工程奖

华融现代城：588000m²，华融置业（央企）

圣名国际商贸城：330000m²，单层建筑面积50000m²

渝北商会大厦：100000m²

恒大·御龙天峰：486200m²，60层

千江凌云：545544.76m²，金科、碧桂园、旭辉合作项目

恒大世纪城：450000m²

中建·瑾和城：448295m²，中建信和（央企）